深圳管理样本系列

什么人勤劳而不幸福

成君忆 著

新世界出版社
NEW WORLD PRESS

图书在版编目（CIP）数据

什么人勤劳而不幸福/成君忆著．—北京：新世界出版社，2013.4

ISBN 978-7-5104-4167-7

Ⅰ．①什…　Ⅱ．①成…　Ⅲ．①幸福–通俗读物　Ⅳ．①B82-49

中国版本图书馆 CIP 数据核字（2013）第 055741 号

什么人勤劳而不幸福

作　　者：成君忆
责任编辑：闫　红
责任印制：李一鸣　黄厚清
出版发行：新世界出版社
社址：北京西城区百万庄大街 24 号（100037）
发行部：（010）6899 5968　（010）6899 8733（传真）
总编室：（010）6899 5424　（010）6832 6679（传真）
网址：http://www.nwp.cn
　　　http://www.newworld－press.com
版权部：+8610 6899 6306
版权部电子信箱：frank@nwp.com.cn
印刷：三河市华晨印务有限公司
经销：新华书店
开本：670mm × 960mm　1/16
字数：260 千字　印张：15.5
版次：2013 年 4 月第 1 版　2013 年 4 月第 1 次印刷
书号：ISBN 978-7-5104-4167-7
定价：29.80 元

前言

勤劳是中国流传至今的一种传统美德，这样的事迹在中国古代可以说不胜枚举。即便到了今天，勤劳朴实的作风在很多中国人身上也十分常见，特别是从建国初期到现在，在短短60多年的时间里，中国人便用自己的勤劳将一个满目疮痍、百废待兴的国家建设成了一个举世瞩目的发展中强国。

随着中国经济的发展，国际间的交流变得越来越频繁，不仅有很多外国人来到中国，也有很多中国人走出国门，而这种国际间的人才流动，让很多外国人看到了中国人的勤劳。特别是在近代，中国向国外输出了很多劳动力，比如到澳大利亚挖煤的煤矿工人和到美国西部淘金的采矿工人，以及到东南亚的橡胶园作业的工人。这些华籍工人和现在国际间人才的流动从性质上有所不同，他们纯粹是以付出体力劳动而获得报酬的，所以无论再脏再累的活儿，甚至连本地那些靠出卖劳动力为生的人都不愿意做的工作，中国人却从来都没有退缩过。

正是由于这一原因，世界上很多国家的人们都看到了中国人勤劳、吃苦的精神。改革开放初期，为了缓解本地压力，河北省保定市向非洲国家输出了第一批劳动力。很快他们便在当地扎下了根，因为他们到了非洲后看到有很多荒地，便承包下来种菜，然后再运到城市里去卖，工作既辛苦，时间又长，很多当地人都不愿意做，但中国人却做了，并且得到了当地人的好评。在随后的10余年间，保定市每年都会向非洲各国输送1万多名劳动力，他们聚居在一起成为了非洲各国人尽皆知的“保定村”。只要一提起非洲的华人，绝大部分非洲人都会竖起大拇指。

尽管这些输出的人员已经远非最初的纯劳力，但是在非洲或中东的很多国家，当地的老板都很乐意雇用中国人。据南非一位从事金属开采生意的老板梅恩讲，他们公司已经招募了不少华人，并且仍然在招聘华人。在他的眼里，每个中国人不仅都很勤劳能吃苦，而且为了做好自己的本职工作也极少计较工作时间的问题，经常不计报酬地主动加班。更难能可贵的是，中国人从来不参与什么罢工。而这一点，正是许多发达国家的员工所无法相比的，他们要么动辄罢工，要么就像许多南非本地的员工一样磨洋工。

可以说，勤劳、本分几乎成了很多国家对中国人的印象。那么，理所当然，在很多外国人眼中，中国人一定会过得十分幸福，就像在唐朝时期外国人想象中的中国人的生活一样：富足而安定。而实际上，有一些勤劳的中国人却并没有因为勤劳的本性而过得多么幸福。那这又是什么原因造成的呢？

据一项不完全统计显示，有些中国人不但没有很多外国人想象中的那么富足安康，而且生活质量反而并不好。比如工作时间问题。早在1886年5月1日芝加哥工人大罢工之后，美国便制定了每天8小时的工作制度，之后更是成为了国际惯例，但实际上在目前中国的很多企业里，8小时工作制依然没有落实，即便是落实了，很多私营企业或公司也会将远远超出8小时工作量的任务摊派到员工身上，使得很多公司员工尽管理论上是下班了，但实际上是下班了却不能离开岗位。这种情况同样存在于其他行业中，如餐饮司机、售货员、保安等服务性行业，工作时间和劳动强度都很大。而在国外，包括很多私营的小商店都是每天按照8小时工作制按时上下班，这种情况在中国是极为罕见的，因为很多小店都是利用时间去赚取更多的利润。试想，这样勤劳的中国人能幸福吗？

几年前，由于能源价格的节节攀升，促使美国和欧洲很多国家都开始实行每天5到6个小时的工作制度，甚至有的国家还实行了每周4天的工作制度。但在中国，即便是法定的每周5天工作日、每天8小时工作时间的制度却依然没有得到落实。调查显示，中国的人均工作时间排在世界第一位，年人均工作时间高达2200小时，而在近邻的日本，却只有1758小时，美国则为1610小时，欧洲发达国家则更少。在工作时间如此短的条件下，欧洲人还享有带薪休假的待遇。和勤劳的中国人相比，那些喜欢坐在海滩上喝着红酒晒太阳的悠闲惬意的欧洲人才是最幸福的。

不仅如此，据另一项调查显示，中国的人口最多，居世界第一位，但中国的人均工资排名却位列倒数第一，人均每小时获得的报酬为0.8美元。而最高的德国，人均每小时获得的报酬为30美元。美国位列中间，人均每小时也有22美元。如此悬殊的差距简直令人咋舌，而实际上这种人均的算法本身所透露出来的，必然是会有更多远远低于这一水平的现象存在。在如此大的贫富差距之下，那些生活在金字塔底层的中国人，在他们勤劳的本性背后，究竟又隐藏着怎样的生活呢?

正是出于一种深入探讨的目的，我编写了本书。全书共分为8章：即苦干、死干、硬干，干成了“穷忙族”；房奴、车奴、卡奴，青春被严重透支；孩奴、学奴、婚奴，变成了“命运奴”；人口、户口、瓶口，大国的“三口”效应；PPI、CPI、GDP，流失了你的幸福感；自尊、自信、自爱、自强，拼成了“孤胆英雄”；人生观、世界观、价值观，“观观”相护；封建、迷信、无信仰，降低了生活质量。通过这8个章节，我们力图多角度、多方面地去解读中国人的勤劳和幸福，并分析造成中国人勤劳而不幸福状况的内在因素和外在因素。此外，本书还站在纵览全局的高度，从国家的宏观经济政策出发，兼顾局部微观经济的细节考究，以期让读者能够更加全面地了解到，隐藏在那些令人乐观的社会经济现象之下的幸福与不幸的根源所在，以便让我们能用勤劳的双手去创造出真正属于自己的幸福。

目录

第一章　苦干、死干、硬干，干成了“穷忙族”

第二章　房奴、车奴、卡奴，青春被严重透支

第三章 孩奴、学奴、婚奴，变成了“命运奴”

第四章 人口、户口、瓶口，大国的“三口”效应

第五章 PPI、CPI、GDP，流失了你的幸福感

第一章

苦干、死干、硬干，干成了“穷忙族”

毫无疑问，中华民族是一个勤劳而智慧的民族。战争祸乱年代，我们不怕牺牲，勇于奉献，为了自己的理想抛头颅、洒热血；和平建设时期，我们不辞劳苦，不畏艰辛，创造了一个又一个奇迹。然而，当我们静下心来扪心自问："我们幸福吗？"答案却多半让我们自己失望。然后我们转而问道："究竟什么是幸福？"答案居然是那么遥远和模糊，就好像我们和幸福早已没了关系。很多人相信，只要自己埋头苦干，终有一天会得到自己想要的幸福，可是我们小时候为学习奋斗，成年后为工作奋斗，接着为房子奋斗、为车子奋斗、为电脑和手机奋斗、为衣服和首饰奋斗，好不容易组成了自己的家庭，却发现自己又要为儿女奋斗，而且似乎又开始了一个永无止境的奋斗循环。

在中国的历史长河中，伟大的先贤们早已给出了幸福的定义：男耕女织，安居乐业。年幼的时候有父母相伴，年老的时候有儿孙绕膝，这便是幸福。我们自出生后，在土地上过完一生，然后再埋进土地，一切都是那么浑然天成。数千年来，虽然我们屡遭战乱，饱经沧桑，但是，幸福的模式却从来改变。然而，自19世纪鸦片战争以来，西方工业文明的传播，逐渐改变了中国人的生活生产方式，并最终对我们的传统农耕文明造成了巨大的冲击，以至于我们的幸福一下子需要到别人那里去学习和寻找。进入21世纪，中国人的幸福在哪里？这不仅是一个需要我们每个人提出的问题，同时也是一个需要我们每个人研究解决的课题。

1. “穷忙族”就是比“月光族”更穷，比“劳模”更忙

随着经济的高速发展和城市化的崛起，一些新词汇也应运而生，如“月光族”“穷忙族”。众所周知，“月光族”是指每个月的收入仅可以维持基本开销的年轻一代。他们生活在物质充裕的时代，有着与父辈不同的消费观念，为了追逐时尚，他们基本上是赚多少花多少，生活过得都不算差。与“月光族”相比，“穷忙族”就包含了更多的无奈。虽说“月光族”把每个月赚的钱都花光了，但至少他们享受了生活，也算是乐得其所。而“穷忙族”就不同了，他们每天忙得焦头烂额，手边有着永远都做不完的事，几乎没有任何休假和娱乐，可是赚的钱却没有明显地增多，成年累月地生活在压力之中，根本没有心思享受生活，所以说他们不如“月光族”。

可以说，“穷忙族”的每一天都是忙碌的，他们拼命地工作，却仍然无法过上富裕、幸福的生活，甚至不能摆脱最低水准的生活，他们就像一个高速运转的陀螺，比公认的劳模更

忙、更累，可除了无尽的焦虑之外，没有得到别的可以值得称颂的收获。“穷忙族”是一种普遍的社会现象，它不仅出现在人口众多的中国，在日本、韩国等国家及中国台湾等地区早已“蔚然成风”。这样看来，能够成为“穷忙族”，好像是一件比较前卫的事情。不过话说回来，“穷忙族”的源头并不是日本或者中国台湾，而是从欧洲传到日本，再由日本传到韩国、中国。根据资料显示，美国有500万人过着“辛勤工作却朝不保夕”的生活；在德国，“穷忙族”人数超过100万；在日本，人数超过1500万。

其实，只要稍微留心观察一下我们眼前的生活，就不难发现，“穷忙族”随处可见。而时至今日，“穷忙族”的队伍越来越壮大，这个词所涵盖的范围也随之扩展了。如今，“穷忙族”已经不单指那些因赚的钱少而穷忙活的人，还指那些净资产很少甚至为零的人，有时甚至连月收入近万的办公室白领也包括进去了，越来越多的人在抱怨自己是“穷忙族”的一员了。

马明哲曾是一位刚毕业的大学生，他拿着大学期间通过的思科网络工程师CCNA、CCNP、CCIE认证书，很快就成功应聘到一家沿海城市的网络公司，公司给出的薪水非常诱人。为此，班里的很多同学都很羡慕他，班主任也将他当成楷模四处宣传。在大家的心目中，他是个标准的IT精英，只要在电脑里随意输入一些指令，就可以破译很多文件，轻轻松松就能把工作做好。可是，等他工作了一段时间后，出人意料的是，曾经踌踌满志的他竟然在班级的群里大吐苦水。原来，工作几乎占据了他所有的时间，加班加点是常有的事，甚至节假日也很少休息，每天忙到大半夜才能回去。这样一来，第二天的工作状态就很糟糕，为此他感到非常苦恼。

除此之外，沿海城市的房价和物价都很高，虽然他拼命工作，但工资也涨不了多少，生活也过得一般。他偶尔也会犒劳一下自己，比如吃顿大餐等，可他还要买必需的服装鞋帽、各种软件等，开销也相当大。看了他在群里发的牢骚以后，班里的同学将他归为"月光族"，可他却坚持说自己是"穷忙族"。因为他觉得"月光族"的工资虽说也不多，但却没有"穷忙族"忙，而且"月光族"也很舍得花钱，懂得享受生活，但"穷忙族"却根本没时间和精力享受生活。对于马明哲的说法，群里的很多同学都表示赞同。

再比如，威廉·勒斯特是个毕业于剑桥大学的高材生，大学毕业后他进入到美国一家中型公司担任总经理助理一职，负责协助总经理对日常工作进行梳理、汇总等。此外，威廉·勒斯特每天还负责和很多不同类型的客户打交道，并妥善处理好和每个客户的关系。这样一来，工作自然便充满了挑战和压力。在进入公司的第一天，一位老员工便告诉威廉·勒斯特，总经理助理这份工作并不是轻轻松松就可以胜任的，不仅要和客户建立起良好的关系，而且更重要的是不要让自己成为"穷忙族"。此外，这位老员工还告诉他，此前曾从事过该职位的员工就是因为没有合理安排好工作时间，表面上看起来很忙，可却并没有和客户建立起良好关系而离职。意识到这一点后，威廉·勒斯特为了避免让自己成为“穷忙族”，每天都会事先将总经理交代的事情安排好，并根据所要拜访客户住处的远近合理安排时间，以便提高工作效率。如此一来，他不仅出色地完成了总经理交代的工作任务，还没有出现“穷忙族”所呈现的忙碌现象。不到一年的时间，他的工作方法以及态度便得到了总经理的赞赏，于是被提拔为公司部门的副主管。

在上述的两个案例中，马明哲给人的感觉是忙碌的，但工作效率却不高，因为加班时间占据了他生活的一部分；而威廉·勒斯特的工作也不轻松，但他给人的感觉明显是轻松的，而不是忙忙碌碌的，工作效率也高很多。那么，为什么会出现两种截然相反的情况呢？其实，这与他们能否合理安排时间有关。

“穷忙族”的时间基本上都用在处理眼前的事情上，如果几件事情同时要处理，中间还有可能被打断，导致事情没有做完，为以后的忙碌埋下了伏笔，而当再次回过头来处理这些未完的事情时，已经在不知不觉中耗费了大量的时间和精力。而工作效率高的人在工作前不会像“穷忙族”那样杂乱无章，而是能分清工作的轻重缓急，对工作进行合理地分配，从而节约了大量的时间，让自己倍感轻松。因此可以说，不能合理安排工作时间是“穷忙族”最典型的特征之一。

其实对于现实生活中的一些“穷忙族”来说，当抱怨自己为什么总比别人忙，而取得的成绩却不如别人时，不如进行自我反思，从自身方面找原因。当进行仔细分析后你会发现问题的症结所在——没有合理安排时间。为此，要想摆脱“穷忙族”的头衔，人们非常有必要对时间进行合理规划，让时间完全掌握在自己手中，这样的话，不仅可以提高效率，还会让自身的幸福感得到增强。不然，成为“穷忙族”不说，自身还会背负令人不悦的心理压力，久而久之，这种压力也会成为自身幸福感的阻力。

2. 竞争激烈是一些人成为“穷忙族”的原因

美国社会文化研究中心不久前在全球范围内进行了一次关于国民生活节奏的调查，通过对居民在轻松随意情况下走过100步所需时间的测量，来检测不同国家和地区居民生活节奏的快慢。社会文化研究中心的专家认为，居民步行速度可以在很大程度上反映出一个人日常的生活节奏。假如某一个城市的生活节奏非常快，居民内心就会产生压力，这从行走速度中可以看出，脚步匆匆的人，其压力感自然会比较大。

调查组成员在中国的一线城市北京、上海、重庆、广州进行了调查。调查组成员从每个城市中随意选出200名成年市民进行调查，调查结果显示：广州人走100步平均只需要108秒时间，北京人则需要125秒左右，重庆人需要122秒，而上海人最慢，竟然需要288秒。其中，广州人走路速度与上海人相比快了一倍多，就如同小跑一样。此外，研究中心的科学家针对全球40个城市的一项实验还发现，世界各地行人的走路速度比15年前明显快了许多。自从1999年以来，世界各地行人的走路速度增加的幅度每年都会超过10%。通过这些调查不难发现，日益激烈的竞争在很大程度上促使人们加快了前进的步伐。

人类社会中的竞争一直就没有停止过，而且大多是残酷的。优胜劣汰在很多时候决定着个人以及组织的生死存亡，这也就使得个人深深感觉到身上所背负的压力，如同背负上沉重的枷锁。

2012年伦敦奥运会上，中国体育代表团表现出色，以38枚金牌，88枚奖牌的成绩位列金牌榜、奖牌榜第二名。在这短短的几十年里，中国体育代表团从早期参加奥运会的“空手而归”到能够在奥运的各个项目上冲金夺银，确实令世人钦佩，但背后真正的原因何在？澳大利亚著名自行车评论员菲尔·里格特从自身独特的视角解析了中国取得金牌奇迹背后的缘由。在他看来，中国竞争日益激烈以及发展迅速的社会环境是造成这种现象的不可或缺的因素。

早在2008年，菲尔·里格特就曾来到北京，首先，最让菲尔·里格特感慨的是乘坐北京的地铁。当地铁每次即将到达下一站时，车厢里面便响起了用中文和英语两种语言进行报站的广播，这其实和其他各国的地铁报站程序大致相同。但让菲尔·里格特大为吃惊的是，当车厢里面的乘客听到广播后，还没等门打开便齐刷刷地站到车门口准备下车，当地铁到站车门打开后，等待下车的乘客竟“刷”的一下向门外涌了出去。如果不迅速下车，马上就会被上车的人挤回去，这样一来，便只好坐到下一站再下了。对此，菲尔·里格特想到了更具深度的社会问题。他巧妙地将中国社会现状与中国体育代表团在奥运会上的骁勇向前联系起来。他认为，当今中国社会给人的印象和人们之前想象的或许不大一样。目前，中国绝对可以称得上是全世界竞争最为激烈、民众最为忙碌的社会。看看那些在地铁或者公路上争分夺秒赶公共交通工具的人，就会理解为什么中国体育代表团可以在伦敦奥运会上以不俗的成绩收揽各项奖牌了。

其实，菲尔·里格特的分析的确有一定的道理。众所周知，中国的人口约是世界人口的1/5，现实中的社会竞争力自然也要更加激烈些。在这种情况下，人们的“忙碌”也就不是一件值得大惊小怪的事情了。

据美国社会文化研究中心的统计，在过去10年时间里，中国工作狂的数量增加了四成。相信在北京工作过一段时间的人都清楚，北京中关村号称是最大的“加班族阵地”，在那里工作的“工作狂”在北京也是有一定名气的。中关村里面的很多公司大多会提倡“工作就是娱乐”的16小时工作论，甚至有一些写字楼外面的广告就设计成卡夫卡《变形记》里面的“巨大的甲虫”。

菲尔·里格特对中国目前的这种形势分析得非常透彻：“在中国社会中，几乎每一个中国人为了生活都在拼命努力工作，甚至自愿去加班。他们努力工作的动力主要是来自于内心的焦虑——对于如何生活下去的焦虑以及对失业等方面的焦虑。”确实如菲尔·里格特分析的那样，在当今社会CPI飞涨、工作和生活压力指数飙升、股票市场不景气、能源紧缺的背景下，为了工作而去工作是“穷忙族”有增无减的非常重要的一个原因。

菲尔·里格特在分析中还指出，中国国内具有“穷忙”特性的行业非常多，比如环卫工、刷碗工、电话接线员、业务公司普通销售人员、建筑工人等，其中不乏还有很多接受过高等教育或者专业培训的高级人才，他们都被纳入到“穷忙族”的行列中。

美国都市社会学家卡莱斯把处于快速发展阶段的国家出现的这种现象称之为劳动市场的“双元化现象”。在他看来，这种“双元化现象”指的是在经济全球化以及劳动力市场弹性化的快速发展过程中，除了一小部分具备过硬专业知识的高精尖技能人才可以对社会产生大量需求以及价值外，很多看似微不足道的行业的劳动工作者数量却在日益增多。而两者在劳动权益以及社会安全保障等方面，还是存在着很大的差别。其实简单对“双元化现象”进行概括，就是社会上“穷忙族”与“富闲人”之间的差距越来越大。而这也成为了后工业社会发展中普遍存在的问题，并在短时间内不会消退。

菲尔·里格特深知中国是个勤劳的国度，中国的民众成为勤劳的代名词。然而，很多人在不知不觉中成为“穷忙族”，这是很多人都不想看到的结果，但想改变似乎并不容易。因为在整个社会大环境的影响下，中国国内竞争激烈的现状在未来相当一段时间内还会存在，这也就意味着“穷忙族”的数量不仅不会减少，反而还会增加。但不可否认的是，社会在进步，“穷忙族”会不断通过调整自身的心态来让自己适应大环境，并收获属于自己的那份幸福和快乐。

3. 为什么有那么多“日理万机”却“钱途”无望的人?

如今，社会日新月异，职场竞争也很激烈，对于很多身在职场的朋友来说，忙碌是再正常不过的现象了。然而，有的人忙得充实，有的人却忙得很疲惫。也许是为了养家糊口，也许只是已经习惯了忙碌。而“穷忙族”最典型的特点就是不会合理分配工作，只是一味地忙碌。他们每一天都忙得不可开交，忘我地埋首在工作中，却从来不去考虑为什么这么忙却看不到成效，也看不到希望。

泰戈尔曾经说过一段话：“未被占据的空间和未被占据的时间具有最高的价值。一个富翁的财富并不表现在他那堆满货物的仓库和一本万利的经营上，而是在于他能够买下广大空间来布置庭院和花园，能够留给自己大量的时间，让心灵拥有开阔的空间。只有这样，才会有自由的思想。反之，一旦人的心灵空间完全被日常生活的忧虑和身体的痛苦占据，那么他就很难拥有自由自在的思想了。”

很多时候，“穷忙族”的一个最显著特征就是异常“迷茫”，而这也是非常致命的“内伤”，它会让一个人对生活迅速失去信心，严重者甚至会变得极度绝望。如此一来，这个人心里就会觉得，无论他工作如何努力，无论做什么事，最终的结果都是失败。久而久之，这个人内心深处就会感觉自己已经无法掌控外界整个局面，同时也会丧失继续生活下去的勇气和决心，以及奋发的斗志。而一个人一旦丧失了斗志，就意味着他可能会放弃一切，成为一个自暴自弃、自甘堕落的人。

其实，上帝对每个人来说都是公平的，它让每人每天都拥有24个小时的时间，但是，每个人自由使用这些时间的方式却各不相同。很多时候，人们习惯把拥有很多空闲时间的人称为闲人，而将那些没有自由时间的人称为忙人。可以说，忙人中也有很多穷人，有些人则是穷人中的忙人，这群人可以说是真正的“穷忙族”。他们为了解决基本的温饱问题不惜每天起早贪黑去工作，虽然他们非常勤奋但终生忙碌却无缘成为富人；而富人中也有些忙人，虽然他们家财万贯，但却不甘于满足现状，仍然为了赚更多的钱而拼命地工作。其中的一些人甚至像穷人一样省吃俭用，过着和穷人一样的日子，因为他们视积累财富为人生的最大乐趣。

很多时候，现实中确实存在“越忙越穷，越穷越忙”的恶性循环现象。许多都市中的高薪白领不幸变成“穷忙族”，很大程度上与他们盲目追求虚荣而导致每月积蓄透支有关。有调查显示，近年来，上海白领的薪资水平整体上呈现出高速上升的态势，但其中有超过70%的高薪白领在个人投资理财、银行储蓄、养老保险等方面的投入却呈大幅下降趋势。相反，他们在个人购物、休闲娱乐等其他消费方面的支出却高得惊人，呈现出非常明显的上升态势。因此对于这些高薪的“穷忙族”而言，有效控制住自身购买欲望的关键是进行理智且健康的消费，适度提高生活质量，而不是盲目虚荣的消费。

正是由于穷和忙这两个因素，使“穷忙族”和富人之间的差距被越拉越大。富人可以拥有充裕的时间去吸收新知识，获取丰富的专业能力，并懂得运用多渠道投资，财富积累会明显加快很多。而“穷忙族”大多忙于处理日常事务性的工作，付出很难和回报成正比。他们为了养家糊口，一个人甚至要兼好几份工作，根本没有时间去“充电”学习，最终演变成为恶性循环。“穷忙族”之所以穷和忙，原因非常多，但有一个非常明显的共同点，那就是对自身未来缺少必要的规划。一旦公司发展战略转变、家庭生活发生变故、自身素质或能力不能及时适应外部环境等情况发生，就会经常被弄得措手不及。

张刚在北京一家汽车公司做销售工作，和众多汽车销售员一样，他每天都要和不同类型的顾客打交道。和他一起进入该公司的还有他的大学同学王岚。由于公司要求每个销售员月销售汽车的数量要达到3台，为此两个人在这方面有着截然不同的表现。张刚认为，只要能完成公司规定的任务量就可以了。为此，他的销售热情不高，完全是为了应付任务而工作。也许很多人都认为张刚一定能拥有很多的空闲时间，但事实却恰恰相反，当每个月3台汽车的销售任务完成后，他便忙于其他事情，并且表现得非常忙碌。而王岚却不会为了应付任务而工作，他全身心投入到销售工作中去，并为自己的未来设定了规划——通过个人的努力晋升为销售总监。为此，他不仅能出色地完成公司规定的每月3台的汽车销售量，还能超额完成工作。到年底公司考核之际，张刚全年的汽车销售量勉强能达到公司的规定，而王岚的销售量却比规定的数量高3倍，而他不仅获得了丰厚的现金奖励，还实现了自己的规划，成为该公司的营销总监。

新一年的汽车销售任务开始了，张刚还是像往年一样没有设定未来的规划，仍然“穷忙”于公司规定的销售任务，而王岚虽然也忙，但却是为了再次实现自己设定好的规划——晋升为区域销售经理。而张刚由于不能摆脱“穷忙”最终还是原地踏步。

正当张刚还想以这种工作态度混日子时，国际形势突变，直接影响到汽车的销售。在这种情况下，一些汽车公司也陷入停产的状态中，而此时张刚所在的汽车公司自然要裁减人员，而裁减人员的标准是员工上一年汽车销量的多少。张刚自然被纳入到被裁减的行列中，而他的同学王岚却没有受到丝毫影响。

从上述案例中可以看出，两个人在工作中虽然都非常忙，但取得的工作成绩却截然不同。张刚显然是“穷忙”，而王岚则属于有规划地忙。如此一来，两个人之间的差距就被逐渐拉大。张刚的“穷忙”最终带给他的不仅是对工作的毫无规划，更重要的是断送了自己的前程；而王岚有规划地忙，不仅让自己实现了预设的目标，而且还在公司站稳了脚跟。

4. 错把固执当坚持：“穷忙族”摆脱不了苦干命运的要素

在现实生活中，很多人也许会对生活过于平淡而有所抱怨。殊不知，正是这看似平淡的生活才沉淀了很多智慧。有些智慧并不是从书本中就可以学到的，而是现实生活教给人们的。比如，人们在人生路上撞了“南墙”要懂得回头。然而，很多“穷忙族”却不懂得灵活变通，总认为坚持到底才是最明智的选择。殊不知，他们这是错把固执当成了坚持，这样不仅获得不了成功，还会让这些人变得更加繁忙。

很多时候，人们自身的思维并不是一成不变的，会呈现出跳跃的特征。因此，人们在现实生活中必须学会适时变通，这是一种明智、理性的做法。只有将那些毫无意义的固执抛弃掉，才可以更好地投入到一件事中去，并将其办好。坚持虽然是一种难能可贵的良好品质，但并不是所有的坚持都是值得称赞的。有时，如果一个人过于坚持，从另外一个角度看就会演变成为一种盲目，甚至是一种教条。不可否认的是，在某些时候人们的确需要具有一定的执著精神，但执著并不等于固执，人们要严格区分执著与固执。最明显的区别是，执著的明确性非常强，而固执就显得比较盲目。人们在任何时候都不要太固执，要学会灵活变通。善于灵活变通的人，可以有效地将敌人变为朋友，为自己的未来发展铺平道路。因此，现实中一些固执的“穷忙族”，不要总表现得“一根筋”，做事时首先要将事情考虑全面，绝对不可以将事情做得太绝。这就好比是一个善于棋道的高手一样，当走出第一步棋之后，还要想到第二步、第三步怎样走下去。

商鞅早期打算在秦国实行变法，为了让世人相信他言而有信，他派人在国都咸阳的南门外竖立了一根长约3丈的木棒，说：“如果哪个人可以将这根木棒挪到北门外去，就可以得到10金的赏赐。”当时在老百姓看来，这件事情如此简单，给那么多赏金却非常奇怪，为此谁也没有去搬动木棒。商鞅看到没有取得实效，于是又宣布：“将木棒搬到北门去的人，赏金50。”如此重赏之下，必有敢于尝试的人。果然，有一个中年壮汉抱着试试看的心态把木棒搬到北门，商鞅立刻给了他50金。商鞅的这个举措逐渐取得了百姓的信任与支持，于是便颁布并推行变法的命令。

商鞅颁布的新法在早期的执行过程中并没有想象中那样顺利，反对商鞅变法的人数以万计，特别是那些高官显贵以及利益集团，甚至连当时的太子也产生了抵触心理，一再犯法。为了让变法取得成效，商鞅决定拿太子开刀，坚持要将太子绳之以法。当时，很多人都劝他千万不要得罪太子，可是商鞅却认为，如果变法因上层人士的故意反抗而不能得到有效的实施，就不能取信于民。但是，太子毕竟是国君的正统接班人，按照当时律例的规定是不可以施刑的，于是商鞅便拿太子的老师公子虔当替罪羊，当即割掉了他的鼻子。商鞅的这个举措深得秦孝公的宠信，他权势极盛，太子对他也无计可施。经过这些举措之后，商鞅变法迅速收到了成效，仅仅用了十几年的时间，不仅使秦国的国力增强，还一跃成为七雄之首，而商鞅的威望和地位也迅速得到了提升。

正当秦国发展步入兴盛之时，秦孝公由于疾病驾崩了，而继位的正是太子惠文王。在这种情况下，商鞅便失去了可以依赖的靠山。惠文王刚一上台，他的老师——被割掉了鼻子的公子虔便出面向他揭发，说商鞅想要造反。而惠文王听信了老师的话，马上下令逮捕商鞅，而商鞅意识到自身性命难保，于是便火速逃离咸阳。当他来到潼关附近的一家旅店投宿时，旅店老板根本不知道眼前的人就是大名鼎鼎实施变法的商鞅，从而以留宿没有证件会进监狱为由拒绝收留商鞅。商鞅在不久后便遭到车裂，而他的家人也被灭族。其实作为一个富有建树的改革家，商鞅在政治上确实取得了一定的成功，但商鞅做人却缺少变通能力，以至于最终断送了自身的性命。

现实生活中会存在许多棘手的事情，有时候人们可能会理不清头绪，在这种情况下就会出现“穷忙”的现象。其实，生活中没有解决不了的事情，最关键的是要做到及时转变思路，并不断找出解决问题的切入点。很多时候，人们只要变换一种思维方式，从另外一个角度思考问题，就可以快速地理清头绪，并将看似棘手的问题圆满解决。

人们经常会以过往的经验对未来进行展望。但是，经验在很多时候禁锢了人们的大脑，让人们看不到事物的本质，也缺少一定的创新性。作为“穷忙族”，如果总是依赖过往的经验，就会耽误了自己的前程，影响自己的判断能力。因此，不要一味固执地因循守旧，要敢于打破常理。无论面对任何事情，都要学会灵活应变。因为灵活变通在一定程度上是改变“穷忙”命运最根本的方法，更是一种人生的大智慧。善于变通的人在人生发展中会十分顺达，而不懂得变通的人只能四处碰壁。所以，人们在遇到问题时，非常有必要保持一定的灵活性。当外部环境发生改变后，一定要进行适当的调整，以便可以掌握多变的局势，灵活应付不断变化的外部环境，这样才可以获得成功。

5. 方向和距离：走向成功的永恒路标

很多人在为了生计而辛苦奔劳的时候，往往会产生这样的疑问：为什么自己如此苦干，但目标却仍然那么遥遥无期。久而久之，人们会怀疑自己的能力，甚至是信命、认命，认为自己的命运不济，导致自怨自艾。这样一来，很多人就会在此过程中放弃自己的信仰，最终一事无成。其实，任何人的一生都不会永远顺风顺水，而且那样的人生反而是脆弱、不堪一击的。因此，当失败、困扰和迷茫不可避免地向我们袭来时，我们应该调整好自己的应对状态，尽量用积极乐观的态度来面对。只有在挫折中成长的人才会更加坚强，同时也可以面对更艰难的挑战。在这个过程中，我们一定要注意自己是否受到客观环境的负面影响，具体说来就是有没有“随大流”。

比如，很多人在对自己的人生进行规划时，其依据居然是选择这个行业的人比较多，而完全不顾这个行业的承载能力是不是已经到达了一个极限。结果很有可能是，虽然这个行业的就业率不错，但却因为投身的人太多而变得就业前景不乐观。然后，由于投身到某个行业的人比较少，这个行业的就业情况就变得比较乐观，然后大家再一窝蜂似的涌向这个行业，从而重复了上一个恶性循环。这种因环境变化而随意改变自己初衷的做法，不但不会让人得到帮助，反而会让人疲于应对，掌握的知识也会变得博而不专。所以，我们在进行自己的人生规划时，首先应该根据自己的能力和喜好进行考虑，然后尽可能照顾到行业的前景发展，而不是因为某个行业的热门而投身其中，到头来发现自己根本不适合这个行业，甚至不是自己的能力可以胜任的。如果行为人不能早点认识到这一点，很有可能会在这种不适合自己的行业里浪费更多时间，即使将来有一天进入适合自己的行业，也会因为起步落后而加大成功难度。

近年来，在职场文化发展中，有一条“高尔夫球”原理逐渐得到大家的认可。众所周知，高尔夫球运动受到很多职场人士的喜爱，而这项运动最大的魅力就在于它虽然是一项肢体运动，但实际上却需要运动员通过目测进行精确的距离判断，然后运用适当的力量将球击打到目的地。而且在方向的把握上也必须要有很强的能力，难度更大的是脚、腿、腰、手臂和眼睛都需要参加击球的瞬间动作，只有各个器官的动作全部协调到位，球才能真正按照球手的意愿落到目的地。可以说，高尔夫球运动虽然看上去很简单，但实际的操作却具有非常高的难度，尤其是这项运动对于方向和距离的哲理性体现，也让很多参加这项运动的人领悟了方向比距离更重要的道理。因为如果方向精准，最多需要两杆就可以进洞，但是如果方向不对，球手很可能永远也无法将球打进洞内。

在日常生活中，很多人正是因为只看重距离却忽略方向而造成了困扰。比如，某些人只想着赚钱，什么行业赚钱就投资什么行业，但对于这些行业的核心运作理念却非常模糊，根本无法形成核心的行业竞争力。这样一来，不仅比别人多付出很多辛苦，赚取的利润也少得可怜。随着我国经济的不断发展成熟，各个行业的竞争都已经开始进入高端技术领域，如果投资者仍然只是一味地投机取巧，那么最终将只能落脚在互联网或者房地产等边缘行业，甚至面临被淘汰的下场。相反，如果投资者可以在最初的战略中锁定某个行业，那么在整个行业市场处在良好的成长环境中时，一定可以在这个行业中取得一定的地位。这样即使市场面临危机，投资者也可以逐渐形成自己的竞争力，永远不会被市场边缘化，更不会被市场所淘汰。

比尔·盖茨是享誉全球的超级富豪，但是他的工作模式却鲜有人知。据《纽约时报》披露，这位曾经长期蝉联世界首富宝座的微软教父，有一种非常独特的休假方式，即每隔一段时间，就会到夏威夷的一个临水私人别墅中静养。在此期间，比尔·盖茨会把手上的工作完全交给副手打理，而且连他的家人都无法见到他，他一个人在别墅里静静地待上一到两周的时间。这种类似于我国古代武学宗师闭关修炼的静养，实际上是比尔·盖茨抛开一切俗务后对自己身心的内视，同时也在大方向上对自己的工作进行“拨乱反正”。同样是美国IT行业的时代骄子乔布斯就很少有这种安排，而我们最后看到的结果是，乔布斯在自己生命的最后阶段才得到了短暂的休息时间。而比尔·盖茨不仅每年为自己安排休假，而且还适当地选择急流勇退，早早地开始了享受人生。

也许在很多人看来，找准自己的人生方向并没有那么重要。有些人想要到南方去，结果因故迷了路，错把北方当成了南方。然后，开始闷头狂奔，所以接下来无论他怎么努力，其结果都是可想而知的。当然，也许有人会觉得地球是圆的，只要一直走下去，一定可以抵达自己的预期目的地。这样的勇气固然可嘉，代价却很可能是要付出自己一生的幸福，所以，人们在前进时要找准方向和距离这个路标，只有这样，才能踏上成功的旅途。

第二章

房奴、车奴、卡奴，青春被严重透支

进入现代社会，各种新潮的词语应运而生，比如车奴、房奴、卡奴。没有人希望自己成为奴隶，但现实又总是无比残酷。为了达成所愿，我们总难免被各种无形的力量左右，被它推着不断前行，反抗也好像螳臂当车一样，起不到丝毫作用。也许很多人会抱怨连天，认为是命运对自己不公，然后将所有的责任都推给别人，却从来没有思考过自己的问题。为了一套房子、一辆车子，很多人甚至会稀里糊涂地透支自己几十年生命，到头来不仅感觉不到幸福，甚至不知道自己真正想要的是什么。那么，到底什么是幸福？

按照我国传统的文化思想，人们在温饱得到基本满足后，就应该感觉到幸福。但欲望是无止境的，再加上虚荣心的作祟，我们一旦失去对欲望的节制，就会最终沦为它的奴隶。应该说，我们每个人所孜孜追求的正是属于自己的幸福。按照马斯诺的层次需求理论，欲望总共被分为5个层级，人们也只有在逐层进行追求的过程中，才能真正享受到追求本身带来的趣味。

不过，很少有人能够给幸福下一个定义。于是，很多人都会觉得幸福就在不远的将来，就在所有的苦难渡过了之后。结果当所谓的幸福来临时，却愕然发现自己居然已经白了头发，掉了牙齿，世界已经不再是自己熟悉的那个世界。而那些原本应该属于自己的幸福，则早已悄悄溜走，自己的命运似乎笼罩着“奴隶”的阴影。

1. “老丈母娘经济”促生的房奴群体

在当前的经济学界有一个比较调侃的说法，称中国的经济为“老丈母娘经济”。抛开经济学领域的诸多观点和联系不谈，我们不得不承认，房地产业已经成为我国经济链条中的重要组成部分，而购房者中大部分人都是因为结婚才必须要一套自己的房子。因为这是老丈母娘的要求，即：“没有房子就娶我女儿，想都别想！”于是，广大青年男女开始了他们的购房生涯，而这些老丈母娘为了达成所愿，大多也要搭上自己的“棺材本”。因此，老丈母娘促进了中国房地产市场的火热发展，甚至对于中国经济的发展都“有所贡献”。而作为购房的当事人，在买房过程中是否真正得到了自己所期待的幸福，同时也成为了一个值得探寻的问题。

拥有一套自己的房子，对于大多数人来说，其实质是寻求一种安全感的归属。只不过为了建立这种安全感，购房者需要付出的代价也是巨大的。就目前我国大部分城市的楼市来看，如果一对新婚夫妇要购买一套房子，不仅要耗掉两人积蓄，甚至要把双方家庭的存款凑出来作为首付款，然后夫妻二人还要担负起10年甚至数十年的房贷还款。于是，购房让很多年轻人望而却步，他们在掂量了自己的收入之后，往往会选择暂时租房。而且对于大部分年轻人来说，城市并不是他们最终的生活选择，尤其是环境污染日益严重，人口密度和压力越来越大的今天，已经有越来越多的人逃离了城市。不过，同样还是有一个问题任何人都逃脱不掉，那就是结婚，而且这显然不是两个人的问题，还涉及了双方的老人。

就目前来讲，虽然我国传统文化已经被西方文化冲击得支离破碎，但是大多老一辈人还是没有完成思想转变，而且他们对于年轻人的选择还具有一定的左右能力。于是，“有房子才能结婚”就成为了一种社会主流，包括城市中已经有房的家庭在内，为新婚夫妇添置一套新房成了结婚的必要条件。其中，虽然双方老人也会为此竭尽全力，但是在购房中“灾难”最深重的还是当事人。因为漫长无期的房贷会成为一把无形的枷锁，始终压在购房者的肩头。与此同时，购房之后的“月供”也会成为一笔不小的开销，这也让那些月收入过万，原本应该生活轻松快乐的白领一族不得不精打细算，长年累月地过着谨小慎微的日子。

北京的张芸女士2012年6月刚买了新房，时间刚刚过去3个月，“残酷”的现实就已经把她从刚住进新房的喜悦中拉了出来。谈起买房，张芸说的最多的是她和丈夫在购房之前的租房生涯，在那段时间里，他们每时每刻都被笼罩在“漂泊”的感觉中。由于种种原因，他们在短短两年的时间里搬了8次家，每次除了琐碎的具体事务，心理上的破碎感也让他们疲于应对。因为生活所迫，张芸夫妇精打细算，但是租房的不确定因素常常会使他们措手不及，比如有时候房东会忽然涨房租，这给张芸夫妇的心理带来了一定的压力。其中印象最深刻的一次经历是张芸夫妇刚刚安顿下来不久，房东忽然毁约，要求他们在3天内搬出租赁的房屋。按照合同规定，张芸夫妇可以索求违约赔偿，但房东吃定他们人生地不熟，没有时间和精力打官司，不但没有赔偿违约金，还出言恐吓，张芸夫妇只好在一周内完成了两次搬家。

但是，即便如此，张芸和丈夫也从来没有产生出过买房的想法，因为夫妻二人月收入加起来刚好过万，按照当时的房价，即使二人不吃不喝买一套百平住房，也需要10年时间。当然，不吃不喝是不可能的，高额的房价也可以通过房贷解决，但是一笔账算下来，他们不仅要还10年的房贷，还要为此而多支付10万余元的利息。之所以产生买房的想法，最终是因为结婚，其实张芸受到丈夫的影响，打算回丈夫的老家结婚，婚后二人可以继续在北京租房生活。但是，张芸的母亲对此却极力反对。她不能容忍自己的女儿嫁到农村，同时也不能让女儿在租住的房子里结婚，于是他们最终达成的协议是，双方父母出资支付房屋首付，然后由张芸夫妇还清剩余的房贷部分，就这样，张芸夫妇走上了漫漫房奴路。

一项来自《中国社会科学报》的数据显示，在清朝乾隆元年（1622年），也就是清朝最繁盛的时期，北京核心地区新帘子胡同（位于长安街南，二环以里），其四间瓦房（相当于今天的联排别墅）的售价只有白银70两。而当时一名仆役的月收入就有6两白银，也就是说，当时一名低收入的清朝人只要一年的收入就可以轻松解决住房问题。而造成古今住房问题对比如此悬殊的关键，是人口密度的不同。在当时，我国人口的总数不过4475万，而且当时全国的土地面积超过1300万平方公里，再加上全国人口又主要聚集在长江中下游的苏锡常地区，在京城的人口其实并不多，所以房价很低。这也是当时大户人家都是亭台楼榭的庄园居所，中产阶层至少也是四合院居所，而低收入人群也可以居住在“联排公寓”中的原因。

由此我们可以看出，虽然今天中国的人口剧增，但是最主要的问题还是太多的人群涌进了北京。据北京市交通网络检测中心表示，目前北京市每天的客流量平均保持在600万人左右，节假日可以增加到近千万人，2008年奥运会的时候甚至激增到了2000万人次以上。也就是说，如今北京市一天的客流量，最高值就已经达到了当时全国人口总数的一半。目前，国家相关部门已经开始了人口分流政策，我国一线城市的人口也开始有计划地向二、三线城市移动，但是真正意义上的房价合理化，还需要人口分布的最大化和最终合理化，当然首先是人们对此有一个充分的思想认识。

由于中国属于典型的农耕社会文化，“居有定所”是人们固有的生活观念，而以美国为首的西方社会，则是以游牧（主要是海洋游牧）文化为主。当这两种文化冲击在一起的时候，我们在经济和物质上接受了他们，却在思想和文化上与其脱节，这就造成了幸福感的流失。而我们的民族又是具有完整理论体系和实践积累的，在目前阶段还不可能被完全吞噬，这也就注定了我国人民幸福指数将大打折扣。在以美国为首的西方社会，人们可以把车子停在郊外，然后把自己的家安在一辆大巴汽车上，而在我们国内，这样的事情还属于天方夜谭。

作为新世纪的年轻人，在思想文化上和国际接轨已经不是新鲜事，但是在购房这件事上，由于受到家中老人的制约（比如为自己女儿考虑的丈母娘），大多数人还是不得不向现实低头。于是，我们看到了这样一个非常奇特的现象，那就是在整个购房行为中，老丈母娘居然成了最积极的推动者。所以对于这些人来说，因为要完成长时间的房贷偿还，女方与其说是嫁给了自己的丈夫，不如说是嫁给了一套房子；男方与其说是娶了自己的妻子，不如说是娶了一套房子。到头来，发现自己辛辛苦苦数十年，得到的居然只有一套房子，而幸福感则早已不知去向。

归根结底，我们还是要找到属于自己的幸福，但是要想达到这个目的，每个人都不能忽视房子的实质意义，因为它会成为和我们每个人的婚姻大事密切相关的因素。相信很多人都听过这样一则笑话，即“蜜蜂为了得到自己的爱情和家庭，疯狂追逐蝴蝶。但是到了最后，蝴蝶还是选择了和蜗牛结婚，因为蜗牛有自己的房子，而蜜蜂只能住集体公寓”。进入改革开放30年后的今天，这也许成了很多青年男女的现实生活写照。

2. 前怕涨，后怕跌，买一套房子会增加多少烦恼?

如果说结婚生子是传统意义上中国人的人生大事，那么买房子就成了现代人的人生大事。目前，我国社会距离富裕国家的目标还有很长的路要走，真正能够像普通人在商场购物那样购买房子的家庭，只是极少数人。所以对于大多数购房者来说，购房都是一件大事，消费者一旦将购房行为付诸实践，都会立即陷入无数麻烦之中，甚至让自己陷入困境。

众所周知，买房子的人怕房子涨价，但是等到买了房子之后，又希望房子能够涨价。但无论房价是涨是跌，都不会受到消费者的主观意识的支配，而且通常情况下，都是适得其反，就像股票一样，买之前一直在上涨，可一旦买入就会下跌。对于一位想要购房的消费者来说，痛苦几乎从决定购房的那一刻就开始产生，首先是看到房价上涨的忧虑，主要是针对那些准备买房的人来说，按照“买涨不买跌”的传统市场规律，消费者往往会在房价上涨的时候选择购房。但观望同样会是每个人所必然经历的阶段，每当看到房价上涨，消费者都会懊悔自己没有早点下手，然后说服自己再等等，如果房价继续上涨，就继续懊悔；同理，如果房价下跌，消费者也会说服自己再等等；如果继续下跌，消费者也会继续说服自己房价还会再跌，甚至大跌特跌，直到崩盘。

天津的高宏宇是一家技术公司的研发总监，年收入可以达到20万元人民币以上。而此时的他已经进入适婚年龄，虽然有一部分存款，但是想要一次性完成购房，还是有很大压力。所以在决定购房后，他开始每天关注房市，直到把自己弄成了一个房市通。上周末，已经成为常客的高宏宇再一次去了离家最近的售楼处，结果发现他始终关注的一个楼盘价格比上周又涨了0.7%。按照比例折算，如果购买这套房产，他比上周要多支付2万元左右。据高宏宇介绍，他当时就陷入了焦虑之中，后悔自己没有在上周下手，然后开始考虑马上完成购房行为。但是片刻之后，高宏宇又冷静了下来，进入了下一个“等等看”的循环，而这样的事情，已经在他身上不知发生了多少次。

相关专家提示，抄底价格购房虽然无可厚非，但并不适宜同时关注多方信息，尤其是不能同时关注多处房产。购房者应该首先考虑自己的经济情况和实际需要，选择好一处对于自己来说性价比最高的房产，然后在确定购买某处房产之后，再进行下一阶段的关注。这样层层关注，有利于购房者进一步理清自己的思路，不至于在犹豫不决中久久受到煎熬。比起看到房价上涨的懊悔，已经购买房屋的人看到房子降价，同样会感到焦虑。因为目前大部分消费者都是采用分期付款的方式买房，一旦房价下跌，就意味着他们的资产会在无形中缩水，而且是未支付完成的资产缩水。面对种种情况，购房者只能静下心来，把房子看成单纯的居所，而不是看成是一种商品，否则一旦过度关注，必定会影响生活质量。

石家庄的刘文芳女士在2011年底买下了一套房子，这套总面积逾100平米的两居室，每平米售价为11000元人民币。但是在过去的几个月里，这套房子不断缩水，先是在10000元上下徘徊，后来又跌到了9000元，最后进入10月份时，这套房产的每平米价格已经跌破了7000元。在这段时间里，刘文芳女士几乎每天都打电话到售楼中心，询问最新的房产报价，如果有小幅回升，她会得到稍许安慰，但是总体的大盘下滑趋势，还是让她始终闷闷不乐。后来，刘文芳女士又加入了一个关注房市的QQ群，有一次听说房价最近有上浮趋势，便忘记了公司禁止上班期间聊天的规定，情不自禁聊了起来，结果被公司领导发现，扣除了一个月的奖金。回到家之后，刘文芳回想起最近的经历，不仅失声痛哭，后来还大病了一场。

事实上，因为房产的价格涨跌对已经购房者来说，没有太直接的关系，大多数购房者并没有因此影响到日常的生活，当然，炒房者除外。而相比较而言，房屋的质量问题却困扰着几乎每一位购房者，而且在展开相关工作的时候，也往往屡遭碰壁。因为我国已经进入较高程度的商业社会，几乎所有人都在追求商业利益，房地产商当然也不例外。为了追求利益的最大化，他们往往以牺牲房屋质量为代价。而消费者大多对房地产行业不熟悉，因此如果房地产商想要做什么手脚，购房者只能遭遇被骗的命运。而且购房后出现质量问题，得不到相关的服务和补救的事情也时常发生。因此，购房者在实施购房行为之前，一定要对所购房产进行深入了解，最好选择一些信誉较好的开发商，并尽量寻找一些有朋友入住的小区，一边深入了解房屋状况，至少也要对房产情况进行走访。最后，在与房地产商签订合同时，对于相关的违规和质量问题赔偿条款，尤其要看清楚，以便日后维护自己的合法权益。

唐山的丁发先生就买了一套有质量问题的房子。为了图方便，丁发先生请朋友帮忙选购了一套房产。但这位被他寄予厚望的朋友，不知是专业知识不足还是拿了对方的好处，一番大包大揽之后，居然屡屡出现问题，后来发现这里的住户因为房屋质量问题已经和开发商达成了庭下和解。这时，丁发先生也想起了运用法律武器，但是开发商早已在合同中做了手脚，而他当时没有细看，最终使自己的权益受到了很大损害。

除了这些问题，其余包括房屋的质量、方位、朝向、交通和教育环境等诸多因素，购房者都应该考虑在内。需要注意的一点是，有些售房者为了吸引消费者，往往会对房产存在的明显不足采用降价销售的方法。如果遇到这种情况，购房者就要擦亮眼睛了。因为房产毕竟不是商品，往往会伴随自己数十年甚至一生，购房者在思考相关问题的时候，也必须要抱有长远目光，以免将来懊悔不已。

购房者除了考虑这些必要问题之外，还要注意一个非常重要的问题，就是夫妻之间的房屋所有权问题。通常情况下，年轻的购房者会共同出资购房，于是在拥有权上很容易出现各种各样的分歧。这样的问题如果处理不好，很可能会成为夫妻之间矛盾的开始。而两人之间的矛盾一旦形成，最终难免成为不可弥补的创伤。一项来自北京民政局的调查数据显示，北京在进入2000年以后，因为房产所有权问题出现婚姻破裂的现象开始频繁发生，并且到2008年开始出现井喷式增长。2011年，北京市民政局还曾出台相关法律，要求房产拥有权必须归于丈夫名下，力图消灭这一“婚姻杀手”。但是，依靠政府和外力寻求生活幸福，毕竟还是有所不足。消费者应该从自身做起，在购房前将各种问题考虑清楚，把可能出现的矛盾扼杀在萌芽之中。

在购房时，购房者还需要注意一点：除非自己在做房产生意，否则绝不能把房产当成一种商品看待，不要被房产牵扯太多的精力，更不能让房产成为自己的烦恼。从长远角度来看，由于政策的调控和国家各种法律制度的合理完善，房价必然会有一个合理的下降幅度，毕竟让很多人生活在没有自己房子的城市里，管理也是一种麻烦。此外，即使排除这些所有的人为因素，房屋的折旧同样会使房屋价格下降，将其当做商品看待，只能徒增烦忧。

由此我们也可以看出，所谓购买房屋，绝不意味着一定能够得到幸福。相反，一旦购房者有什么因素考虑不周，更多的烦恼就会随之而来。对此，消费者在购买房产时应该做到目的明确、思路清晰，分层次、分模块地规划购房行为，考虑到因此而可能出现的各种问题，至少要视自己的解决能力准备补救方案。如果出现房产的相关质量问题，也要保证责任明确，避免让开发商有推卸责任的余地，以保障自己的合法权益。

3. 汽车时代降临，车奴潮流来袭

活着，是为了理想的生活。在这种理念的指引下，很多人都会孜孜不倦地追求自己心中的理想。对于构成社会主流部分的工薪阶层来说，完成了购房行为后，购车就会成为下一个理想。我们经常可以听到这样一句话，叫作“车是男人的脸”，于是很多人为了自己的“脸”开始辛苦奔波。应该说，车子是我们的生存必需品，购车也存在着一定的必要性，但是仅仅因为脸面而变成车奴，就需要购车者首先进行清楚地考虑了。生活在城市的人大多有过这种体会，即在天气情况不好的时候，交通拥挤会特别严重。很多人也曾对此发出质疑，按说城市的路面硬化已经相当完善，排水系统也基本能够有效工作，为什么天气状况还会导致交通拥挤呢？其实原因很简单，因为天气不好的时候，车流量猛增，很多有车但不经常开的车主，出于天气考虑，也会将车子开出车库，开车上路，从而造成城市交通的大拥堵。

由此我们也可以看出，对于一部分车主来说，车子的作用只相当于“一把雨伞”或者“一身雨衣”，其实际作用是非常有限的。不过，随着中国社会经济的发展，人们可供自由支配的资金越来越多，再加上汽车厂商的各种诱惑，甚至陷阱，使很多人成了有车一族。从问题的实质来看，车子是车主的一种交通工具，车主对车子应该具有绝对的主导权。但问题是车子不仅是一种高价商品，而且还会在使用过程中不断产生附加耗费，包括车子的燃油、保养、维修和保险等，如果发生交通意外，还会有额外支出。当然，私家车在使用过程中还会不断折旧贬值，不可能产生任何经济回报，属于纯粹的消费品。在这种情况下，很多因为考虑不周而一时冲动买了车子的人，就成了名副其实的车奴，即车子具有了支配车主的地位，出现了本末倒置的情况。综合来说，这种人一共可以分为以下四类：

拮据养车类型

对于这类车奴，人们有一个十分确切的评价，即“打肿脸充胖子”。从实际需求和能力来看，他们根本不具备养车的条件。或者是可以选择更加廉价和实用的车子，但是他们却因为面子问题偏偏要购买难以承受的车子，将自己的大部分收入都花在车子上，从而占用了其他各项花销，使整个生活都变得紧巴巴的。尤其是在油价持续攀高的今天，仅仅是燃油消耗就已经是一项不小的开支，这些车主为了能够减少开支，不得不尽量避免使用车子，并最终使车子成为一个耗钱的摆设。此外，还有对车子的养护甚至维修等，这类车主都会亲自上马，这对于大多数都是需要从早忙到晚的工薪阶层来说，自然是苦不堪言。

以车为乐类型

这类车主是真正以车子为自己兴趣的，他们亲自对车子进行养护，每天为车子擦洗、打蜡，但却乐在其中。如果车身忽然被泥污染上，他们会立即进行处理。而且，他们的工具非常齐全，就像一个爱美人士对待自己的脸一样。通常这类车主是4S店的常客，只要车子有个“头疼脑热”，他们就会立即将爱车开去4S店进行修理，并且将问题记得一清二楚，相同的问题总能避免再次出现。此外，这类车主也会是各大网络汽车论坛的常客，并且因为经常关注相关问题，他们也会是半个汽车行家，经常会发表一些“不生不熟”的观点冒充内行，有时候还会对一些外行造成误导。

以车为生类型

这类车主一年四季都在和车子打交道，他们对于车子的熟悉程度就像医生对于自己的手术台一样，具有很好的驾驭能力。和以车为乐型车主不同的是，他们热衷的不是养护和讨论车子，而是最大限度地使用车子，而且是在全国各地跑。他们用于车子的修护费用主要是轮胎，而对于车子其他方面的维护，则由于对车子的了解而基本可以自行完成。与此同时，由于经常游走全国，他们对于全国的道路和交通问题也会比较了解，尤其在饱览了各地风光之后，他们还难免心有所想，发表一些文章表达所想。但是因为他们的旅途和车子脱不开干系，甚至可以说他们的生活就是因为车子而产生的，而且他们同样需要为车子付出很大的投入，所以也是一种车奴类型的代表。

惊险刺激类型

这类车主对车子的依赖应该已经上升到了精神层面，因为他们几乎偏执地把车子当成自己生命中最重要的组成部分。他们不仅买车用车，还经常改车飙车，甚至把“黑比赛”当成自己的职业。即使是平常行驶在公路上，也会像打了鸡血似地上演超车大赛，完全不把自己和别人的生命当成一回事儿。应该说，强烈的速度冲击能够为这类车主带来精神刺激，就像商人获得收益和政客获得权力一样。但不同的是，这类车主因为对速度产生精神依赖，基本上相当于直接把自己置于危险之中，一旦发生交通意外，必定是害人害己。

以上四种类型的车奴虽然情况各不相同，但是有一点却是相同的，那就是他们的生活或命运都和车子紧紧地联系在了一起，甚至成为了他们生活的全部。对于那些被生活所迫，逼不得已沦为车奴的人，人们可以予以理解。但是对于那些以车为乐，甚至以害人害己为代价作为寻求刺激方式的车奴来说，我们不仅要予以谴责，还要做好监督和举报工作，从而保障自己的合法权益不受侵害。比如，我国城市公路时速大多限制在80km/h，车子的马力也会参考这一限速进行设置。但是对于那些经过专业改装的车子来说，显然可以轻松突破这样的限制，时速达到160km/h也是很常见的事情。而对于那些被迫沦为车奴的人来说，处理车子问题也就需要谨慎思考了。目前受到市场经济影响，虽然车子的售价总体呈现下降趋势，但是所谓“买车容易，养车难”，在物价（尤其是油价）日益攀升的今天，就作为交通工具而言，公交车已经成为一种新的选择。

有关专家提示，中国汽车市场即将进入10万元人民币以内大关，更多的人将会拥有自己的私家车，同时也意味着我国社会将会有更多的车奴出现。为了避免自己面临可怜的车奴命运，每个人都应该警惕，避免各种天然和人为的欲望陷阱，切实完成自己的有车梦想。就目前情况来看，车奴的悲惨命运主要由三部分因素组成，分别是还贷压力、燃油压力和税收压力。而消费者一旦完成购车行为，这些压力就会时刻如影随形。所以，人们在买车前应该慎而又慎，毕竟购车是为了方便出行和提升自我，如果变成自己的麻烦和压力就得不偿失了。只要消费者提高警惕，就可以避免一些人为“陷阱”。对此，消费者可以从10个方面进行综合考虑，以求最大限度保障自己的权益。

（1）保持理性，关注车型安全性能问题。汽车作为一种能够高速运行的交通工具，在为人们提供了高效和舒适的同时，也难免会埋下安全隐患。一旦发生交通意外，后果很可能是灾难性的。根据交通方面有关部门公布的最新数据显示，2012年才过去一半时间，中国因交通事故死亡的人数就已经超过了2300人，其余如致残、受伤和车身损害事故更是多如牛毛。因此，消费者在购车上一定要注意车身性能方面对于安全因素的考虑，尽可能保障自己的生命安全。

（2）透过车型外观，将目光主要锁定在车子的质量问题上。车型外观无疑是车子给消费者的第一印象，而且国人对于汽车的性能了解也比较匮乏，所以习惯于凭借感觉做事的国人非常容易被汽车美丽的外观所迷惑。在购车之后，消费者会发现漂亮的车身下隐藏着质量问题，因此不得不经常往返修理厂，不仅浪费了大量精力和财力，同时也会让自己的用车体验大打折扣，甚至影响其他方面的生活。

（3）家庭用车，不必追求个性。由于物质生活水平的不断提高，中国公民正在向着个性化方面发展，但是这种个性化并不能一味地应用到各个方面。比如，对于家庭用车的选择，通常都会有一些口碑比较不错的车型占据主流汽车市场，这些车型不仅经受住了市场的考验，同时也经受住了长时间的用户使用考验，在各方面的表现都已经比较成熟。人们在进行购车选择的时候，应该首先考虑这些车型，同样可以尽可能保证自己的使用权益。

（4）避免面子问题影响到自己购车的选择。消费者要切记，千万不要把购车营造成自己的面子工程，这只会让购车者不可避免地沦为可悲的车奴。消费者在进行购车选择时一方面要根据自己的实际能力，同时也不能回避自己的实际需要，“打肿脸充胖子”可不是明智的生活选择。

（5）抱定长远目光。消费者在考虑买车时，绝不能仅仅关注车子的售价，要统筹规划车子在日后的整个使用过程。其附加投入不仅是持续的，而且是越来越巨大的，如果消费者对此没有充分认识，来自方方面面的支出压力很可能会让人透不过气来。正所谓“人无远虑，必有近忧”，消费者必须将购车行为当成一个系统工程对待，这样才能避免车子在使用过程中出现一些质量问题，影响消费者的生活。

（6）对国产车的排斥心理应戒免。截止到目前为止，国产车所走的基本还属于低端路线，同时也没有能够强势进入国际市场的品牌。但是从综合性价比方面来看，国产车还是具有一定优势的。消费者在进行选购的时候，应该将国产车也列入考虑范畴，将目光关注到一些努力成长并苦心经营的国产品牌也许会有意想不到的惊喜。

（7）避免车子的长时间闲置。车子如同人的机体一样，虽然不能过度使用，但是如果长时间闲置，也很容易出现问题。所以消费者在购车之后，即使由于自身原因需要闲置车子，也要找一个信任的朋友，定期使用并维护车身，避免因长期闲置而造成机体损害。

（8）人们在使用车子的过程中要严格遵守交通规则。这一点毋庸赘述，在各类交通事故中，违反交通规则一直都是事故发生的不容忽视的因素。而且在事故发生后，车主会成为主要的责任承担者，一系列的后续问题可能十分麻烦。

（9）买车不一定要有车库。国人的占有欲望还是很强烈的，很多人在买车的同时甚至在买车之前，就已经开始考虑车库的问题，以至于一个小小的车库竟上升到了住房价格。其实，汽车的外壳本身具有很好的防护功能，只要不是一些无法抗拒的硬伤，基本不会出现车身问题。如果是为了减缓折旧，使用专业的车套也是一种不错的选择，何况现在住宅区的地下公共停车场已经越来越多了。

（10）杜绝酒驾。酒精对于神经的麻痹作用世人皆知，很多人在喝酒之后尽管行为已经不敏捷，但是自己却丝毫没有察觉。据调查数据显示，酒驾是交通事故的主要元凶之一，这也是近年来中国加强查处酒驾司机的重要原因之一。

4. 卡奴阶层，白领一族变工资“白领”

卡奴，顾名思义，就是长期背负信用卡债务的消费者。之所以成为卡奴，是因为消费者在不断养成的消费习惯中，欠下的债务已经越来越多。还有一些自以为很聪明的消费者“以卡养卡”，殊不知，消费者手中的信用卡越多，需要支付的利息也就越大，直到有一天发现自己欠下的债务已经变成无底洞，其数额已经足够购买一件梦寐以求的大额商品时，才心有不甘地走上漫漫还款路。和房贷、车贷等大额贷款不同，信用卡这种以“信用”为抵押的贷款方式通常数额较小，同时也不限制消费者购买何种商品，甚至推出一些刺激消费的活动，目的就是要将消费者引入习惯性消费中，并谋求贷款利息收益。

不知从什么时候开始，中国的城市中出现了这样一群人：他们穿着时髦的衣服，甚至引领着时尚风潮，看上去光艳无比，实际的收入也并不低。但是，这些人的生活压力却也不是一般的大，因为他们的时尚生活模式使他们经常去购买时尚用品，所以在他们疯狂刷卡消费的背后，是被各种债务逼迫得筋疲力尽的身影。有过使用信用卡经历的消费者都知道，信用卡透支除了还款之外，绝不是只需要偿还利息那么简单，而是在此基础上还有违约金、循环利息（俗称“利滚利”）和手续费等支出。也就是说，一个消费者如果失去了偿还相关债务的能力，又无法借助外力偿还的话，就将会永远失去偿还的能力，从而导致个人破产。如此看来，看似风光的白领每月领到的工资都要立即偿还各种债务，然后再从各种借债开始新的一个月的生活，白领也就成了名副其实的工资“白领”。

如果探寻根源的话，卡奴一词最早见于台湾地区，定义是失去偿还信用卡欠款能力的银行用户。由于银行之间的激烈竞争和政府较为宽松的信贷政策，台湾每年都会有大量的工薪阶层因为透支信用卡而沦为卡奴。据台湾相关部门的统计数据显示，截止到2012年9月底，中国台湾地区的卡奴已经达到70万人，并且以每月4万人的速度持续增加，每个月因为沦为卡奴而家破人亡的案例也超过30起。与此同时，由于借款人确实失去了偿还债务的能力，放贷银行也蒙受了重大损失。据相关数据显示，台湾地区银行的放贷数额已经超过了22亿美元。为此，有台湾媒体评论人指出，卡奴已经成为台湾社会三大顽疾之一。

在中国大陆，由于传统消费观念依然强势，信用卡消费并没有被人们大范围使用，尤其是习惯了吃苦耐劳的中老年消费者，往往根本不知道信用卡为何物。再加上政府强大的管控力度，信用卡消费在中国大陆的发展尚比较健康。但是对于那些思想前卫的年轻人（主要也是白领阶层）来说，使用信用卡消费不仅是一种习惯，甚至成为了一种时尚。在北京、上海、广州和深圳等主要的国际性都市，信用卡使用情况尤为泛滥。在一项北京民政部门的调查中显示，30%以上的受访者表示自己每月的工资入不敷出，因此必须采用透支信用卡的方式进行消费。而那些真正因为临时需要用钱，采用信用卡透支方式“救急”，并且在事后及时还上贷款的用户，则只占相当小的一部分。

经常刷卡消费的朋友会有这种体验：和现金消费不同，刷卡这种纯数字信息的消费方式，往往容易让人们对消费额失去掌控，从而更加挥霍。与此同时，因为中国多为独生子女，很多年轻人即使进入工作阶段，成为了世人瞩目的白领一族，他们在心理上还是会存在一种对家庭的习惯性依赖。因此，在进行信用卡透支的时候，这些消费者实际上并不是很担心自己的偿还能力，而是在“实在”没有办法的时候向父母求援，实际上相当于将自己超出收入的支出消费部分和相应利息转嫁给了父母，严重者甚至会导致父母也跟着破产。

确切地说，信用卡透支应该属于一种“超前消费”，俗称“吃下月”。而提到这一点，我们就无法不谈美国，因为超前消费已经成为美国的一种国民文化。在美国生活过的朋友都知道，美国人大多没有储蓄的观念，家庭几乎处于负存款状态。如果有一户家庭的存款长期超过1000美元，那么说明这户人家肯定是刚搬到美国不久的移民。而用不了多长时间，这户移民家庭也会变成和绝大部分美国家庭一样。据美国洛切斯特金融学院资深教授罗伯特统计，2011年美国社会的人均负债为3.1万美元，占到全国GDP的2/3。也就是说，在美国社会只有1/3的人消费支出在自己的收入范围之内。据《华盛顿观察》公布的数据同时显示，在全部透支信用卡的美国用户中，只有不足40%能够按时完成还款，另有20%会延期还款，剩下超过20%的透支消费者会陷入永久无法还款的境遇。

为什么信用卡透支消费存在诸多隐患却仍然受到很多人欢迎呢？其原因是非常值得探寻的，虚荣心就是其中一个非常重要的诱因。有关数据显示，中国有接近六成的年轻人表示，可以用明天的钱来做今天的事，也就是采用贷款的方式透支自己的明天。在如今这个物欲横流的社会，年轻人有这样的想法似乎也不足为奇。我们经常看到一些商家的宣传已经无孔不入地进入了几乎全体社会公民的眼球，一些商家甚至推出了专门针对学生的“不必要”商品，从而加重了许多家庭的负担。比如时下流行的苹果手机，在很多学校中已经流行成风。我们不得不承认，如果一群孩子中只要有一个人拥有苹果手机，那么大家的目光都会聚焦到他的身上，目光里全是艳羡。但是如果一群孩子里只有一个孩子没有，大家的目光同样会聚焦在他的身上，但目光的意味是什么就不言而喻了。在这种情况下，由于学生没有什么社会经验，很多都采用了办理信用卡的方法，最终的重担还是要落到家长肩上。

客观来讲，刷卡消费作为一种信息和数字时代的新兴事物本身并没有值得诟病的地方。但有些商品无孔不入地利用它达到商业目的，这就要求消费者时刻保持警惕了。同样是刷卡，刷借记卡和信用卡存在很大不同。如果是刷借记卡，毕竟都是实实在在的钱，刷到一定数额就会禁不住收手。但是，信用卡消费因为已经开始借钱，借多借少就没有了限制，往往是越刷越想刷。可以说，每个人在消费和透支消费之间都存在着一个心理临界点，如果这个临界点不被打破，就可以让消费者时刻保持清醒的头脑，量入为出。但是如果打破了，消费者的消费行为就会变得毫无节制，欲罢不能。而信用卡商也正是抓住了这一点，从消费者的持续透支消费中赚取利润。

从银行的角度来看，发卡门槛低也助长了卡奴的大量涌现。在很多发卡银行，消费者只要凭借有效身份证件填几张表格就可以得到一张信用卡，但是信用卡的特殊属性早在它出现的那一天就已经决定，卡民得到的喜悦和轻松只能是暂时性的，此后会有越来越大的压力接踵而至。在北京、上海、广州、深圳等一些大城市，人们甚至在路边就可以发现一些兜售信用卡的业务员。在他们的宣传中，信用卡几乎已经成为了上帝带给人类的福音，有百利而无一害。但是，正所谓“天下没有免费的午餐”，卡民在使用信用卡进行透支消费的时候，最高兴的其实并不是消费者本身，而是发卡银行，因为消费者所花的每一笔钱，都意味着将要偿还更多的钱给银行。

面对信用卡的消费诱惑，我们没有更好的杜绝办法，只能从自己的内心开始修炼。大千世界中的诱惑实在太多了，而信用卡透支消费就是为这种诱惑搭桥引线的直接帮手，而且裹挟了“友好、善意”的糖衣。只要消费者稍有松懈，它就会像毒品一样，控制着人的身心，直到消费者完全放弃抵抗，变成欲望的奴隶，同时也变成一个名副其实的卡奴。

第三章

孩奴、学奴、婚奴，变成了“命运奴”

在国家大力发展经济的今天，人们的生活水平得到了很大的提高，住上了在以往很多人看来连想都不敢想的洋房，开上了轿车，逢年过节，还经常会出入于一些大型酒店。但是，生活品质的提升，让中国人在尽情享受物质生活所带来的幸福时光的同时，也让人们的思想在潜移默化中发生着不易察觉的微妙变化，比如对待婚姻的态度。

即便是两个人两情相悦到了难舍难分的地步，但只要一谈到结婚，原本对父辈们来说简单得不能再简单的事情，却在突然之间变得复杂起来：要到哪里去办婚宴，一桌要花多少钱，请多少人来参加，还要到哪里去度蜜月；结婚后怀了孕，要如何进行定期胎教，请什么样的月嫂，怀孕期间要怎么科学合理地搭配饮食；等孩子生下来后，要选什么样的小学，请什么样的家教，报什么的特长班，考什么的大学，或者从中学开始便给孩子物色哪个国家的大学，然后直接到国外的大学去感受西方的教育和社会氛围……似乎两个人从谈及婚嫁时就已经开始对未来的生活未雨绸缪了。然而理想一一落实下来后，人们才惊讶地发现：自己究竟是哪根神经出了问题，多少年来自己围着团团转的究竟又是什么？

1. 为了孩子的未来考虑，你甘心沦为孩奴吗?

每个人的肩膀都是用来承担责任的，很多新生代的青年在父母的帮助下较为轻松地完成购房行为，本想可以轻轻松松享受人生了，这时却愕然发现事情完全不是自己想象的那样，因为自己很快就要为人父母了。被父母帮助是父母承担责任，而为自己的孩子付出，就成了自己必须承担的责任。因为完全没做父母的经验，很多年轻人在拥有自己的孩子时首先表现出来的不是惊喜，而是莫名的恐慌，被称为生育前心理综合征。这种负面心理的产生，当然也是基于对孩子将来的种种考虑，以及自己是否会因为孩子而付出太多。为了避免这种恐慌，很多人对生育孩子的问题采取了回避心理，一拖再拖，有的甚至还会甘心做“丁克”。从社会学角度来讲，这应该是关于生育孩子最严重的问题，因为这些人虽然不会沦为孩奴，但这不仅违背了基本的社会常理，同时也会在将来的生活中遭遇更多的麻烦和困扰。

作为父母，只要孩子一出生，我们就必须要为他们的吃、穿、住、行全面考虑和负责，等到上学的年龄又忙着为其寻找学校，升学阶段更是会忙得焦头烂额。孩子毕业了，还担心他们的工作问题，工作后，又开始关注他们的婚恋问题。等到他们终于结婚了，我们也会像现在自己的父母那样，盼望着自己可以早点见到自己的孙子和孙女。这种完全以孩子为生活中心的传统，始终贯穿着我们的社会和民族。但是进入现代社会以后，由于我们对传统文化的丢失，使孩子的教育问题到了青黄不接的阶段，一方面我们既希望他们尊师重道，听自己的话；另一方面又希望他们个性独立，在社会竞争中取得优秀的成绩。

正所谓“爱之深，责之切”，很多人做了父母之后，竭尽全力为孩子奉献一切，但与此同时也给了孩子很大的压力，有些父母甚至会为孩子不争气而出现体罚和打骂的情况。这样一来，却发现自己虽然为孩子付出了很多，却并没有得到孩子的尊重，更不用说得到孩子的喜爱了。这对于那些从来不对做事方法和自我认知进行思考的人，不能不说是一种悲哀。为此，身为父母首先应该具有一种学习意识——孩子的成长需要学习，成为真正优秀的父母同样需要学习。事实上，我们经常可以看到一些成功完成子女教育的父母讲授自己的经验，虽然我们要做到因人而异，不可能照搬套用别人的方法，但是只要细心学习，多看多听一些成功方法和理念，对于孩子的教育问题应该会有启发作用的。

除了要为孩子花费大量的时间和精力外，金钱方面的花费同样困扰着为人父母者。对于大多数父母来说，他们为自己消费时可能相对比较保守，但是在为子女进行消费时，却总是要大方得多。很多商家也正是看中了这一点，不断针对亲子市场开发产品，这就导致父母可以为孩子花钱的地方越来越多，直到为人父母者无力承担。不过，相对于各种娱乐性消费，父母更热衷于为孩子报学各种培训班，在“让孩子赢在起跑线”的口号引导下，很多父母在承认了这个口号的同时，也不假思索地为孩子报班埋单。结果发现孩子需要学的东西实在太多，除了繁重的课业，还有钢琴、绘画、英语等，最终导致“你学我也学”，竞争也逐渐步入一个恶性循环。浪费了家长的时间和金钱不说，也搭上了孩子的幸福，最终获利的还是那些商家。

广州儿童教育心理专家欧伟在其著作中指出，面对孩子的教育问题时，家长必须进行一个系统的规划，并且以调动家长与孩子之间的互动为前提，不要单方面地使用强压灌输。比如，父母如果想让孩子成为一个艺术家，那么就要尽量为其创造接触艺术的环境和范围，各种艺术演出、艺术展出、博物馆、艺术馆、美术展、美术馆，以及各种艺术作品等，完全可以填满孩子的课余时间。这种既轻松又省钱的方法，既可以增加孩子的艺术修养，也可以拉近父母与孩子之间的感情，对于学习方面的沟通也有促进作用。如果父母能够顺利培养出孩子的相关兴趣，让其进行自主学习，完成对孩子的期许，则会使孩子的学习掌握程度更加理想。等到孩子的学习能力达到一定程度后，孩子也就有了主动寻求帮助和交流的欲望，父母再为其安排师资，事情会顺利和轻松得多。

让人不能接受的是，很多城市和地区还将子女的教育和房产联系起来，以允许孩子进入学校学习为诱惑，促使家长在学校附近买房，然后校方和房地厂商共享利益所得。而一些父母为了让孩子能够有一个好的学习环境，也甘愿倾其所有，结果导致父母对孩子的期许更大、更迫切，孩子的学习压力也随之增大，最终的学习效果可想而知。其实，根据孩子的实际学习能力决定学校，这是最好的选择。可想而知，如果孩子的学习能力较差，那么进入一个好的学习环境也没用，相反可能因为跟不上而更加自暴自弃；如果孩子的学习能力较强，那么即使放在一个较差的学习环境中，学习成绩也不会落下。并且，孩子因为自己成了佼佼者，为了维护这种荣誉，很可能会更加努力地学习，而不是在好学校中处于“不上不下”的地位，学习也基本是应付差事。

“孟母三迁”的时代早已过去，所谓“求人不如求己”，如果仅仅是为了给孩子创造学习环境而沦为“孩奴”，那就真的成了一辈子的“奴隶”了。再加上教育子女的方法失当，尤其是在孩子的叛逆期只知道一味高压应对，造成孩子对父母的永久性感情创伤。上海有一位韩海生先生，原本在县里工作非常顺利，虽然儿子的学习成绩并不拔尖，但是也不是很差，至少将来考个普通大学没有问题。但是，为了能让儿子有一个更好的发展，韩海生通过多方努力将儿子送进了市重点松江二中。后来，韩海生不仅付出了巨大的时间和精力，儿子的学习也越来越差，后来为了提高成绩只能留级，直至最后被迫退学，连高中的文凭都没有拿到。

那么，一个孩子从出生到大学毕业工作赚钱，在没有重大疾病和意外的前提下，总共要花费多少钱呢？一项来自上海社会科学院的统计数据显示，以上海徐汇区标准消费为准，按2008年物价计算，基本在50万元左右。如果继续留学深造并且自费承担的话，这个数目还可能要翻倍。于是，身处工薪阶层或中产阶级的很多家长，为了完成孩子的学业，不仅不敢购买高价商品，甚至连生病了都不敢到大医院看。工作起来更是像头老黄牛一样，辛辛苦苦、兢兢业业，就是怕自己失去工作，失去家庭收入来源。因为对于大多数刚刚进入城市生活的年轻夫妇来说，不仅需要负担孩子的各项费用，同时双方父母也都需要赡养，可谓“上有老，下有小”，压力自然可想而知。

综合来讲，为人父母为了避免沦为孩奴，应该从以下几个方面进行考量。首先在决定生育孩子之前，就应该开始规划孩子的整个出生和成长过程。如果能力不足，可以适当地延迟或降低标准，但一定要有总体的计划；其次要避免以孩子为中心，比如家庭月收入为1万元，绝不能将这1万元全部用在孩子身上，要有其他方面的定额用度，要有一部分收入划入长期的储蓄，同样需要进行长久考虑和计划；再次是注重家庭教育对孩子成长的作用，孩子原本只是一张白纸，在成长过程中接触到的任何事物都会对其产生影响。如果父母为孩子提供了良好的学校教育环境，却不能提供良好的家庭环境，同样不利于孩子成长；最后也是最重要的一点，那就是要与孩子建立良好的沟通机制。这里存在一个十分浅显的道理——如果父母不能与孩子进行有效沟通，那么也就无法知道他们的真实想法。既然不知道孩子的真实想法，所谓“爱”也就成了盲目的行为。所以，很容易因此而沦为孩奴。

2. 为什么要把60%的家庭收入都用在孩子身上?

国家在不断加大力度全面发展经济的同时，也在完善社会体制等方面做出了很多的探索和改善。尤其是在教育体制方面，尽管我国与西方发达国家相比还存在着一定的差距，但只有不断地探索，才能一步步制定出一条真正适合中国国情的教育体制与教育模式。不过，要想真正推行一种全新的教育体制，中国人首先要改变的还是思想观念。因为在传统观念里，很多人都有一个根深蒂固的思想——养儿防老。

在这种思想影响之下，从古至今，很多人都会将自己的主要精力放在对子女的教育上，古往今来，人们都明白一个道理：知识改变命运。特别是在古代社会，国家选择人才是通过科举制度来实现的，很多孩子从几岁时起便开始接受了私塾教育，即使是皇帝的儿子们也不例外——清朝的皇帝康熙从5岁开始就被安排每天早上5点开始读书，并且经常读到深夜子时。这固然是积极的一面，但实际上所体现出来的却不仅仅是这些。

古时的读书人一旦高中三甲，就会从此鱼跃龙门跻身上流社会，母凭子贵，他们的母亲也会被朝廷封为诰命夫人。在现代社会，尽管科举制度已经被废除，但如果想让自己的孩子出人头地，教育仍然不失为一种有效途径。但是，为什么当每个家庭都把对子女的教育当成家庭的头等大事之后，原本平静的家庭收支分配却出现了一种极为反常的现象？在往常，人们通常会把家庭里的大部分钱存起来以备不时之需，但是现在，他们却宁肯将所有的钱都拿出来去供孩子读书。是人们真的如此重视起教育来了，还是里面隐藏着什么不为人知的秘密？

据中国经济景气检测中心公布的居民储蓄消费意愿调查结果显示，用于家庭教育消费的支出已经成为了每个家庭中增长最快的一项消费，其年平均增长率为20%，从最初占据家庭收入的30%已经上升到了接近60%。其中，在孩子义务教育阶段，有58%的城市家庭为子女每年支出的平均教育费用为8773.9元，有65%的家庭为孩子支付择校费的年平均费用为12407.9元，有80%的家庭为子女支付的课外培训费平均为每年3820.2元。当然，由于接受调查对象所在地区的不同，具体的数目也会有所出入。但是，我们从中却可以看出一个问题，人们对子女教育经费的投入在家庭收入中的比例越来越大了。那么，究竟是什么原因让如此多的城市家庭为了孩子的未来而不惜“倾家荡产”呢？

望子成龙固然是每一个做父母的所共同期望的，但不可排除的是现代社会追求物质的理念对那些父母的冲击，以至于那些本来都有着良好知识背景和教育理念的父母，也在时代的潮流中失去了最初的理性认知。

为了吸引观众的眼球，很多电视台的娱乐频道都把目光对准了儿童。不可否认的一点是，确实也出现了一些在各方面有着专长的“天才儿童”。且不说这些童星能够在今后的道路上走多远，有一点却是毋庸置疑的，那就是这些因在某些电视大赛或是才艺展示的娱乐节目中崭露头角的童星们，会因为经常出现在电视台，成为了很多媒体关注的焦点。比如，刚满3岁的孔莹便因登上河南卫视《梨园春》的现场直播而受到媒体的关注，其后在6岁时上了央视的《星光大道》栏目，并且晋级到了年度总冠军的角逐之中，从此便成为了人们心目中当之无愧的童星。不过，只要是专业人士都会知道，唱歌与唱戏是要靠天分的，同时青春期的“闹嗓子”甚至会影响到他日后是否会继续从事演唱事业。但是，所有这些似乎都不重要了，重要的是小孔莹成了明星，她不仅可以因此而改变自己平庸的命运，同时还能够挣到很多钱，就像数年前出道的小演员叮当一样。所以在很多家长看来，通过参加一些培训班，把自己的孩子培养成一个小明星，不仅可以满足孩子的虚荣心，同时也等于是为孩子寻找到了一份不错的职业。

在这一心理的作用下，很多教育机构就像是造星一样，都开始了提前化。比如，当孩子刚刚读幼儿园时，很多技能班就应运而生了，比如绘画班、写作班、小提琴班等。据一项不完全统计显示，在城市居民中，当幼儿园的老师向家长推荐孩子可以选择所报的特长班时，有超过96%的家长会为孩子选择一个专业学习。对此，不少家长表示，其实他们也知道那些所谓的特长班对孩子并没有什么帮助，但别人的孩子都报读了，自己不报的话怕会被别人说闲话，让孩子在同学们面前抬不起头来，挫伤他们幼小的心灵自尊。并且，多接触些事物，对孩子至少会起到一定的启蒙作用。在这一思想的影响之下，那些父母即便是工作再累，加点班去外面做兼职，甚至是自己戒掉烟酒也要满足孩子们的这一要求。

这种现象不仅仅存在于城市的幼儿园，同样存在于那些高中毕业生和大学生中。随着国家开放式的教学理念的转变，大学并不仅仅需要考上才能就读，很多民办和联合办学形式的出现，让很多高三毕业生在还没有参加高考时就会收到这些学校发来的录取通知书。并且，随着中国人口流动性的加大，以及人们对信息的掌握越来越便捷，人们已经远远不满足于在国内拿一份大学文凭，很多学生都开始选择到国外留学，学成归国后就业或创业。这也是很多家长所认同的，因为一来很多家长在自己年轻时没能完成出国留学的心愿，所以就会把这一愿望寄托到自己的儿女身上。在这种承载了两代人的愿望的支配下，很多大学生都走出了国门。然而，不管这些学子们出国的目的是什么，但有一点他们是没有辜负父母的殷切厚望的，那就是学会了一口流利的英语。对于他们的父母来讲，这已经是很大的一个进步了。事实上，当他们学成回国后，如果没能掌握什么技能，仅仅是讲得一口流利的英文，渐渐就又会被打回原型。

刘根生是北京七星集成电路装备有限公司的一名财务人

员，其女儿刘丽丽在2009年6月收到了美国迈阿密大学的录取通知书，因为当时要交足一年的费用12万，以及带足生活等费用，刘根生到处向亲戚和好朋友借钱以供孩子到国外读书。由于当时金融危机刚刚过去，亲戚们的手头并不宽裕，所以他仅仅借了四五万块钱。当时，刘根生恨不得把自己住的房子卖了，却被女儿刘丽丽拦住了。妻子却由于做服装生意赔了不少钱，所以也是无力帮上忙。

可就在这时，他做出了一个令所有人都没有想到的决定——突然向单位提出了一次性买断工龄的申请。这也就意味着，一旦这样做了，刘根生到了晚年也就没有了保障，因为他当时已经55岁了，离退休还有5年。很多同事都劝他，可爱女之心却没有让他动摇。也因为年轻时家里条件差，所以高中还没毕业时刘根生就离开学校进了工厂，所以一直以来，他都想实现两个梦想，一个是上大学，一个是出国留学。可是，随着后来成家立业，自己年轻时的梦想被一点点吞噬掉。女儿丽丽的出生又让他找到了自己梦想的接班人。

如今，女儿凭借着自己优异的考试成绩被美国的迈阿密大学录取了，却因为学费问题而无法成行。他相信女儿同样会心有不甘。最终刘根生从单位一次性买断了工龄，女儿如愿以偿地进入了迈阿密大学继续深造。

从刘根生的经历中可以看出，他对女儿在教育上的投入，可以说已经远远超出了家庭收入中的60%。从刘丽丽出国留学这一事上看，在女儿读书的这十多年里，刘根生把他们家绝大多数资金都投入到了女儿身上，甚至为了女儿出国留学还将自己未来的退休资金都提前预支了出来。不管是为了让女儿实现自己没有实现的愿望，还是出于爱女之心，刘根生付出了几乎他所有的收入，但在精神上，他是快乐的，因为女儿完成了他的心愿。在随后的日子里，单位出于同情，又将已经买断工龄的刘根生返聘回了单位。虽然工作内容没有发生变化，但人事编制却发生了转变，只不过是免去了他再去寻找工作的麻烦。

不只是刘根生，如今的家庭大多只有一个孩子，很多望子成龙、望女成凤的父母们不能因为孩子数量上的减少，就过度地将万千宠爱都倾注于孩子的身上，也不能因为家庭为孩子投资的是教育就忽视了教育的本质和意义。否则不仅会导致孩子并未如期完成预想中的效果，还极有可能会因为父母在教育上的过度“溺爱”而影响到孩子在未来的成长和幸福。

3. 为什么养活孩子、教育孩子，最后还宁愿被“啃老”？

人类繁衍至今，生儿育女可以说是一种本能。其实无论是人类还是动物，养育后代是天经地义的事情。但是随着国家改革开放的不断深入，在大力发展经济建设的背景下，我国却出现了一个新的名词“啃老族”。啃老族最早出现在英国，后来才被很多国家所使用，通常指那些不就业、不升学、不进修和不参加就业辅导，终日无所事事的族群。在英国，啃老族一般指的是年龄在16~34岁的族群，而在日本啃老族被定为15~34岁，中国则定为23~30岁之间。从各国确定的啃老族的年龄界线可以看出，这些啃老族都是处于一个人一生当中最美好的年龄时期。他们本来可以好好利用这一时期去进一步学习或在工作中成长的，本来应该具有很强的谋生能力和学习吃苦的能力，但实际上却由于种种原因而不去学习和工作，就像到了“断奶”年龄的孩子却不断奶，依然依靠着父母的供给生活。

作为父母与子女来说，啃老族的出现固然是一件“周瑜打黄盖——一个愿打，一个愿挨”的事情，原本只属于家庭问题，但实际上啃老族的出现所暴露出来的却不仅仅是家庭的问题，而是关系到了处于经济转型期的中国所必须关注的一个社会问题。但是，对于这些啃老族来说，他们无论多大，在父母眼中永远都是孩子，可是父母却不能仅仅将他们作为自己的孩子来对待，因为他们已经长大成人，应该到社会上去接受锻炼和教育。这是一个十分浅显的道理，相信每个父母都会明白这个道理。

从孩子呱呱坠地的那一刻起，父母就开始了对儿女的养育，等孩子到了应该上学的年龄后又要天天去接送他们，教育他们。按照中国对成年人的界定来看，18周岁就被认定为成年人，而在法律规定上年满16周岁的公民就可以被判刑。也就是说，在中国到了这个年龄的人就应当可以独立生活了，可为什么现实中却极少有在这个年龄就独立的人呢？难道是父母宁愿自己继续养活孩子，也不愿意孩子出去工作而受罪吗？每一个父母都知道，即使不让孩子出去受苦受累，但自己毕竟无法照顾他们一辈子，终有百年的时候，到那时，他们的孩子又能去“啃”谁呢？这些啃老族的父母们究竟是怎么想的？

要想明白这一点，就离不开中国式的教育问题。早在1982年3月13日，从国民经济发展的角度出发，中国采取了计划生育政策，这也使得从1982年3月13日以后结婚怀孕的绝大多数人的孩子都成为了独生子女。之后，随着农村家庭承包责任制的全面推广，经济建设成为了国家发展的重中之重，人们的生活也从贫穷渐渐步入了小康。正是这种经济上的转变，很多问题便逐一突显了出来。首当其冲的就是人们的衣食住行，接下来便是对下一代的培养和教育问题。因为处于这一年龄段的父母们，受当时家庭条件的影响，以及国家计划经济之下的教育模式影响，未能进入大学继续深造，把自己的大好青春都用在基层建设当中了。一旦生活状况发生翻天覆地的变化，自然就会更加关心自己的孩子。这时候，另一个问题就出现了。由于年轻时受计划生育政策的影响，特别是城市里的婚生子女，基本上都是一个孩子，所以他们自然会去百般疼爱自己的孩子，自己年轻时受的苦绝不会再让自己的孩子去受，自己小时候因姐妹众多而引起的小摩擦、小矛盾在儿女们身上不会再重演。

而对子女的溺爱正是从这时开始的，这种因生活水平的突然改变所带给人们心理上的转变，就像一个人突然暴富一样，使得人们对子女的教育出现了一种不理性的方式——只要是孩子喜欢的，只要是自己能够买得起的，很多家长都会满足他们的要求。在这种被扭曲的教育方式之下，孩子们潜移默化中养成了好逸恶劳的性格。

坦白讲，懒惰是一个人与生俱来的恶习，在每个人身上都会有不同程度的体现，而在父母的纵容或默许之下，作为年龄本来就小的孩子来讲，身上的恶习自然就会越积越多、越变越大，以至于最终很多孩子即使是上了大学，在学校里依然过着奢侈享受的生活。抛开学习，吃要吃可口的，穿要穿名牌的，用的手机和电脑也都要名牌的。可以说，这些孩子已经在无形之中养成了“衣来伸手，饭来张口”的习惯。只要稍有不顺心就会打电话给自己的父母，父母自然会照单全收，甚至很多父母还会动不动就找到孩子所在的学校为子女在校期间受到的委屈“鸣冤”，甚至是请求老师给予照顾。

这种行为表面上看似对孩子好，实际上却从另一个方面助长了孩子的歪风邪气。对于那些正处于人生观、价值观、世界观不断健全的关键时期的青少年来讲，家长的溺爱与纵容反而起到了负面的作用，以至于这些青年在大学毕业后，在工作中遇到了一点小挫折，或者在应聘中遭遇了一点不顺心，就会拂袖而去，最终一点点演变成了啃老族。

曹小刚正是一个啃老族，他的父母原本是一家造纸厂的工人，后来因工厂效益不好发不出工资，结果便以厂里出的纸来抵工资。后来，他们在城里的批发市场里做起了批发纸的生意。因为经营得当，日子过得一直很好。后来曹小刚高中毕业后收到了北京联合大学的通知。

3年后曹小刚毕业了，他学的是影视制作，属于后期制作，可是在北京转了一大圈后却发现，招人的单位虽然很多，但并没有自己理想中的企业，并且他还听一位学长说，做这一行如果找不好公司会很累，经常会加班到晚上一两点。所以找了3个月，曹小刚也面试了几家公司，但都没成功。

幸好他不用为住所发愁，因为父母早在把他送到北京读大学时就在西罗园买了一套110平米的楼房，一来是为儿子成家立业作准备，二来父母经常来北京，也好有个住处。可是，曹小刚一直没找到合适的工作，一个人在北京住着也无聊，就回了家乡保定，打算在保定找工作，可找来找去，也没有找到合适的工作。

就这样，一晃就是一年，父母由于忙于生意也顾不上他，他本来想帮父母打个下手，父亲却不肯，他希望儿子能找一个有出息的工作。结果，曹小刚只好待在家里玩游戏，在保定住一阵子后再到北京住一阵子，在两个城市之间飘来荡去，却一直没有再去找工作。因为在他的意识里，家里又不指着他挣钱，没事做就只好歇着玩了。

从上述案例中明显可以看出，曹小刚是一个典型的啃老族。站在他父母的角度上说，家里有了好条件，要找也要找一个好一点的工作，找不到就安心在家待着吧。这种思想影响到了曹小刚。他想，只有找到一个好工作才能够满足父母的意愿，其他的不用操心。以至于他在家赋闲了一年多依然无法找到一份理想的工作。而如果照这样下去，23岁的曹小刚怕是一辈子也无法找到工作了。

其实，啃老族的情形远不只曹小刚这一种，还有很多种情况。据《新民晚报》在上海街头的一次随机采访显示，当被问到你是不是啃老族的问题时，绝大多数接受调查的年轻人都表示，自己或多或少都在啃老。因为即使他们都已经出来打工，但工资并不高，除去住房的租金后，生活费用都要有计划地节省着花，而且他们偶尔还要和朋友们聚一下或是自己买些东西，所以工资不够花。相对而言，那些高学历的博士生们由于待遇较好，生活的压力会小些，但买房仍然是困扰他们的一大难题。不仅如此，即使是生活在城市里的居民们，虽然有了住房，但不得不和公公婆婆住在一起。一方面将自己的房子租出去可以换回一定的收入；另一方面还可以在生活方面啃食父母的部分积蓄。加上节省下钱来为儿子积攒学费，以便儿子日后能多学知识，上好的学校。

由此可见，父母对孩子的教育、生活补贴和买房投入是导致年轻一代人出现啃老现象的主要诱因。它使得很多父母不由自主地向自己的儿女们伸出援助之手。尽管这一点在很大程度上是由社会现状的挤压而造成的，但是对于那些即将步入退休养老的父母们来说，本来辛辛苦苦了一辈子可以享享清福了，到头来却依然还要不停地为儿女们去操劳，最终沦为了孩奴。然而，勤劳是中国人的美德，为儿女们付出也是几千年来中国人的一种朴实的情感。只不过相对于那些真正赋闲在家的啃老族们，作为父母所要认真思考的，或许就不仅仅是儿女能否找到一份好工作的问题了，而是他们正处于黄金年龄的儿女们，究竟应该如何去释放他们的美好青春？

4. 左手面子右手面包，孩子出国留学到底为哪般?

2012年7月，《南方都市报》曾刊载了一则新闻："一群中国学生不远万里去美国读书，结果目的地却只是一个边远小镇。当地以中国居民为主，国内过去的留学生不仅可以购买国内的商品，进行国内的传统活动，甚至还可以常年用汉语交流，就连老师上课也不例外。"另据报道，这些孩子花费了高额留学费用，才得到前往美国的留学机会，但他们的家庭并不富裕，既不是官二代也不是富二代，各项费用的支出基本上耗尽了家庭的全部收入，甚至是长期的积蓄。

此消息一出，立即引起社会的广泛关注，一时间关于送孩子出国留学的话题成为大家热议的话题。客观来讲，西方社会的发展水平确实比中国超前不少，教育资源自然也不例外。但是国内的很多家庭对所谓出国留学则完全处于一种懵懂无知的状态，或者把留学当成一种信仰，而实际上对出国留学却又知之甚少。结果不仅浪费了自己辛苦积攒的血汗钱，也对孩子的未来发展产生了负面作用。

有关专家提示，中国的文化传统具有较强的独立属性，当前的社会制度也和西方国家有所区别，即使将孩子送到西方国家接受教育，也需要进行充分的软件准备。如果盲目行事，不但无法让孩子接受到更好的教育，甚至还可能适得其反。

就目前而言，西方社会对于中国学生的录取方式在语言方面大概分为两种：一种是采用双录取的方式，即正式学习之前先进行半年左右的语言学习，然后再开始正式的学习；另一种就是进行各类语言考试测试，比如我们所熟知的托福和雅思等。如果在为孩子办理留学的过程中连这两个环节都没有涉及，那么办理机构很可能是不负责任的。

当前，由于中国经济的快速增长，以及中国公民对于世界认识的匮乏，很多国家的不法分子都开始打起了中国留学生的主意，开办了多如牛毛的“野鸡大学”。据2012年8月美国教育部、美国高等教育委员会等机构联合发布的调查数据显示，目前西方社会的“野鸡大学”以各种“合法”形式存在，数量达到2700多所，其中因存在严重问题而被勒令停办的就有691所。

北京师范大学心理学博士汪正凯在一次家长座谈会中强调指出：“孩子出国留学绝不能是为了面子，或者为了逃避在国内较差的学习成绩，而应该是根据孩子学习的能力、专业、意愿等方面进行综合考量。”不得不说，即使家庭经济条件允许，也并非所有孩子都适合到西方国家留学深造。而且，即使决定留学，也应该尽量从孩子角度进行考虑，如果孩子的学习和承受能力较差，出国留学很可能会毁了孩子。

刘伟东是天津起重机车床制造公司二分厂的负责人，由于平时工作繁忙，疏于对儿子的管理教育，导致刘南在成长过程中沾染了一些不良的社会习气。大学毕业之后，刘伟东看到同事的孩子多数选择了出国留学，也花费巨资将刘南送到了巴黎艺术管理学院就读，并期待他可以学成归来。然而，刘南虽然在初期阶段表现相对谨慎，但是没过多久身上的不良习气还是逐渐表现了出来，并时常和一些巴黎的街头混混接触，搞一些另类的街头艺术。结果在一次口角中，刘南失手打伤了一个小流氓，并被对方随即纠集的乌合之众乱刀捅死。

对此，王正凯博士指出，孩子的成长由于受到家庭、学校和社会环境影响，基本在中学时代已经完成性格塑造，因此留在国内发展还是去国外并不会有太大差别。尤其是那些独自到国外上学，同时性格又比较内向的孩子，由于缺乏交流对象，很可能造成严重的心理负担。而有些西方国家对于国人存在不同程度的歧视，孩子在无法完全融入其社会环境的大背景下，学习自然也会受到很大的负面影响。因此，家长在对待孩子留学的问题上，还应该从孩子的适应能力、学习能力和交往能力等方面进行考虑，尤其应该审视其能否完成跨文化的学习和交流。应该说，中西方之间的文化差异存在天壤之别。如果想要透彻了解西方文化，很多东西都需要从头学起。

作为家长，应该清楚出国留学在对孩子的能力有所提高之余，也会对孩子施加更大的压力。如果孩子留学有逃避家长监管的倾向，或者对出国留学有明显的抵触心理，实际上是不宜送孩子出国留学的。

专家提示，如果身边的亲友有留学经验，家长应该尽可能向对方寻求帮助，询问一些注意事项；如果身边没有切实的经验可供参考，家长不宜盲目决定孩子的留学问题。即使孩子本身的能力和意愿趋向出国留学，也要根据实际的家庭承受能力而定，并且对留学过程有一个全面、深入的了解，至少在择校方面应该心知肚明。如果缺乏了解的渠道，家长可以向一些有国家认证的留学机构寻求帮助，切忌盲目跟风，囫囵吞枣地将孩子送出国门。在此过程中，尤其应该注意，对于服务机构的所谓“100%录取”“高就业率”“国际一流”等招牌攻势，家长必须保持理智心态，切忌因为一时的疏忽而做出影响孩子一生的错误决定。

5. 要想获得幸福的婚姻，就必须将婚姻坚持到底吗?

很多人都固执地认为，幸福的婚姻是需要夫妻双方共同去经营的。在婚姻生活中出现了这样或那样的矛盾之后，很多时候其实并不需要离婚，只要维持住现有的婚姻状况，然后经过双方小心地经营，原本看起来破裂的婚姻会在时间的长河里慢慢恢复过来，就像一个人不小心碰伤了自己的手指，经过很长时间以后，原本看起来十分明显的伤痕就会还原成它最初美丽的颜色。当夫妻双方出现矛盾后，难道幸福的婚姻真的就像是一道伤疤，会通过双方的努力和坚持，在时间的河床上渐渐变得温暖而幸福起来吗？婚姻到底是什么？

其实婚姻说起来很简单，就是一男一女两个人的一次公众结合，也就是两个人在亲戚、朋友、同事和交际圈之内的所有人面前公开宣布，从此两个人可以以夫妻的名义组成一个家庭共同生活，并且在社会制度的要求之下，到民政部门登记注册，领取一份结婚证书。

看起来婚姻就是这样简单，但实际上建立在双方自愿基础上的婚姻其实并不是这样简单的一件事情。因为两个人一旦组建成一个家庭，那就不仅仅是两个人的问题了。因为每个人都不是孤立存在的，在这种情况之下，夫妻双方各自都有着他们的家庭，即使是两个在外打工的青年男女之间碰撞出了爱情的火花而走到了一起，回到家乡结了婚又离开了家庭，或者是在他们打工的城市里买了房子固定了下来，那么也并不代表着男方和女方就与他们各自的家庭之间脱离了关系。

孩子与父母之间存在的不仅仅是血缘，还有父母的养育之恩。父母老了之后孩子的养老义务，以及婆媳之间的相处等，这些都会多多少少影响到夫妻之间的情感和幸福。此外，夫妻双方的亲戚走动、朋友来往等方面，同样会影响到家庭生活的幸福与否。

所以说，婚姻绝不是简简单单的一纸婚约和彼此之间倾心相爱那么简单，而是需要双方从对方的角度出发，并通过彼此的体谅、理解，与对方的父母、亲戚、朋友之间达到一种和睦相处的关系。只有这样，夫妻之间才会在爱情、亲情、友情的滋润之下获得幸福美满的婚姻生活。

事实上，所有这些前提都还只是一种理想和美好的愿望，因为人是一种会思考的高级智能生命，尤其是人与人之间的情感，并不是只要一方对另一方好就能够获得另一方的感情回报的，否则一个人只要是一心一意地去爱对方就可以得到对方的爱了。所以，爱往往是需要男女双方的互动，只有两情相悦才能够迸发出爱的火花。但是，这也并不意味着只要双方相爱并结婚了，就能因为获得双方家庭的一致赞许而幸福了。道理很简单，就像是人与人之间的交往，此时两个人的关系可能很好，但是随着时间和环境的改变，人与人之间的情感也会慢慢发生质变，甚至还会引发“霉变”。

在现实生活中，这样的例子可以说不胜枚举。

王亮是一位帅气的小伙子，又穿着一身军装。所以在经人介绍后，很快就吸引了刘娟的注意。刘娟是大学英语系的高材生，王亮是服役于边防保家卫国的战士，两个人很快便建立了良好的关系。由于距离很远，他们最初只是通过网络在QQ里聊天，或是通过手机交流感情。因为两个人同是河南省的，彼此的家乡相距并不远，所以他们很快便在王亮回乡探亲相见后确立了彼此的关系。一年后，王亮退伍回家了，又过了半年，刘娟也从烟台大学毕业了。为了日后能够和相爱的人长相厮守，刘娟放弃了本来可以继续读研的机会，直接到了河南新乡的一所镇中学做了一名普普通通的中学教师。

刘娟在王亮的家乡有一份稳定的工作，而王亮经过两年的部队生活洗礼，人很勤快能干，买了辆小货车在县城拉货，加上两个人的感情基础，本来婚后的幸福生活是可以预见的。王亮的母亲在第一次见到刘娟时发现她的个子很矮，只有一米五，心里有些不满意，但看到儿子和刘娟感情很好，再加上刘娟又有一份稳定的工作，所以也就同意了。然而，幸福的日子总是过得很快。就在王亮和刘娟结婚半年后，突然一天，谁也没有想到，一封突如其来的电子邮件却将这一切轻易地打破了。其实，邮件的内容很简单，是刘娟的一位同学发来的，也就是介绍她和王亮认识的同学小玲，内容是关于一份读研的材料。与此同时，小玲还在QQ里和刘娟聊了一下读研的事情，因为自从有了大学毕业后的工作经历后，小玲发现，低学历在上海这座城市里的压力很大，所以想继续深造一下，于是，小玲劝刘娟一起读研深造。

王亮回来后，刘娟很快将这一想法告诉了他，没想到一向对自己百依百顺的王亮这一次却表示出了反对。王亮的母亲闻讯后很快也赶过来劝说刘娟。刘娟坦诚相告，研究生毕业后她可以到市里或县城的重点中学做老师，待遇也会有所提高。但婆婆却死活不肯，不仅如此，她还动员了几乎所有的七大姨八大姑，陆续跑到了学校来劝说刘娟。

虽然刘娟口头上没有听从她们的劝说，但心里也服软了。她知道王亮这些亲戚们的意思，一旦自己又去参加学习了，就会影响到下一代，甚至是彼此间的感情。刘娟心里动摇了，于是答应婆婆会认真考虑她的意见。不过，心里有点气不过，于是就趁暑假的机会决定回家去看看父母。没想到，等她再回到单位，却发现自己电脑里的很多资料都不见了，她和王亮的介绍人小玲的QQ号码也凭空从她的QQ好友里消失了。这一点让她十分气愤，但她还是忍了下来，说到底王亮是怕自己突然又改变主意，于是她最后只好妥协了。

半年后，刘娟怀孕了，却被婆婆死活拉着去做了B超。当发现是个女儿时，婆婆的脸就拉了下来。接下来的日子，一直到女儿出生，婆婆始终没有给过她好脸色。直到后来休完了产假，婆婆却又以田里活多拒绝给她带孩子。王亮倒还开通，提出到县城去买套房子，让刘娟的妈妈来照看孩子，这样对孩子的教育也会好些。但两个人毕竟工作时间较短，手里并没有那么多钱，而王亮的父母却坚决不出钱，刘娟只好求父母借了些钱付了房子的首付。

家再次安定下来，但安定的生活过了没多久，婚姻还是出了问题，由于刘娟想多赚点钱，所以经常在学校加班，并多兼了几节语文课，有时太累了或太晚了就没回县城。时间一长，一位同事便向她透露了一个消息，说这两天在县城看到王亮经常领着一个年轻的女孩子出入宾馆。当时，刘娟并没有当真，后来风言风语多了，她不得不找人调到县城的学校，这样夫妻守在一起会更好些。

可是没想到，就在刘娟准备往县城的中学调动的时候，却意外地在家里发现了丈夫和那个女人。当时刘娟也曾大哭了一场，可是后来她也想通了，因夫妻分居而导致的男人出轨也在所难免，等自己调到县城后可能丈夫也就会改变了。然而，当刘娟真的办好了手续将工作调到了县一中，等待着她的竟然是另一个深渊——丈夫竟然向他提出了离婚。刘娟尽管伤心，但是为了孩子考虑，并没同意，而丈夫却搬出了家。刘娟本以为丈夫只是一时之间鬼迷心窍，然而半个月后，她却收到了县法院的传票，丈夫以双方婚后因家庭琐事导致的不和为由提出了离婚。

在刘娟和王亮这场婚姻中，两个人的感情基础本来是不错的，但一来由于刘娟个子矮会影响到下一代，在婆婆心里系了个心结，而后来女儿的出生又让有着传统的传宗接代思想的婆婆大失所望，从而彻底冷落了她。在婆婆的影响下，丈夫王亮也最终在多种因素之下有了外遇，并因这场外遇而致使原本幸福美满的婚姻走向了解体。

对于婆家的种种刁难，刘娟一直采取着退缩和忍让的态度。因为她始终认为，她和刘亮的婚姻是基于感情基础而组建的，所以丈夫是爱自己的。特别是女儿出生后，刘娟甚至连丈夫的出轨都忍受了。但实际上，无论是他们最初的感情基础，还是孩子的出生，是根本无法挽留住夫妻之间的感情的。因为一个人的心一旦起了变化，那么之前所有对对方存在的不满情绪就会以这个点为突破口发泄出来，从而形成一种积怨。可能双方在当时不会爆发出来，但一旦遇到什么风吹草动，依然难逃离婚的厄运。所以，对于一场婚姻是否能够让双方步入到真正的幸福，必须在婚姻一开始时完全得到家长们的认可，而在婚后的经营中合理安排好怀孕生育的计划，并及时解决经济上的困境，拒绝围城外的诱惑，从而让双方达到一种生活理念上的高度统一。只有这样，才能够获得婚姻的幸福。否则一味地迁就和原谅对方，只能让自己渐渐沦为一个十足的婚奴，咬紧牙关坚持到底最后带来的只会是更大的痛苦。

6. 已婚青年与单身贵族相比谁更幸福?

如果别人向你问道:“你幸福吗?”你的回答无非只有三种:“幸福”“不幸福”“还可以”。而如果问:“你认为已婚青年与单身贵族相比谁更幸福?”可能你就会思考一番了。思考的理由很简单,因为单身与结婚各有利弊,但是一定要进行选择的话,那就只能是“仁者见仁,智者见智”了。俗话说:“艺术来源于生活。”如今在电视的银幕上出现了越来越多的关于大龄剩男剩女的故事,情节无非是那些剩男找不到白富美,剩女找不到高富帅的故事,之所以这些电视剧会备受大家的追捧,其中一个主要原因就是这些题材都深刻地反映了当今社会关于单身与结婚的问题。

王丽是一个性格十分怪异,脾气不定,不喜欢和人打交道的人。对于自己的这种性格,王丽认为这与她从小受到的家庭教育有关系。她心想:“既然自己无法改变,那就只能让周围的人多包容一些了。”就是这样一个性格怪异的女孩，却与一位性格老实、体贴的男人相遇了，并且很快就坠入了爱河、领证、结婚，一切都那么顺理成章。婚后，周围的人都羡慕王丽找到了一个好的归宿，王丽也很知足地说：“我老公对我非常好，无论平时我怎样发脾气，他都会谦让我。”然而，恋爱与婚姻是不同的，理想与现实总是背道而驰的。两年后，王丽与老公竟然离婚了，离婚的理由是：王丽的老公无法忍受她阴晴不定的性格，所以主动提出离婚。

对于这样的结局，有人说，当初如果王丽选择单身，会比现在幸福；也有人说，王丽没有经营好自己的婚姻。在现实生活中，存在着很多类似于王丽的例子。例如，有些女生公主病非常严重，让周围的人无法忍受；有些女生是典型的白富美，所以态度会有些傲慢；有些女生是女强人，对男生的要求会过高。当然，还有像王丽那样性格多变的人……

如果说女生在单身与结婚之间非常纠结，那么，男生就能坚定而正确地做出选择吗？答案当然是否定的。据调查显示，现在社会中大龄男生的数量正在呈上升趋势，其中的原因有很多，包括房价过高，工作压力过大，还有外面的诱惑过多，很多人用情不够专一等。这些原因足够成为大龄男生选择单身的理由。

对于单身而言，表面上看起来非常自由，无拘无束，却也需要家庭作为强大的后盾，生活才会有滋有味。而对于结婚而言，表面上看是找到了归宿，实际上，婚后的生活更需要用心去经营。那么，如何告别“单身贵族”和“婚姻奴隶”，以平衡单身与结婚的关系呢?

对于这个问题，中国婚姻问题专家提出了一个最科学的观念——“由幸福的未婚来决定幸福的已婚”。在中国，有关部门对普通人（包括未婚者和已婚者）进行过一项问卷调查，回答“对现在的生活我感到幸福”的人只占了30%，也就是说，无论是单身还是已婚，只有30%的人感觉自己是幸福的，这个结果让人大跌眼镜。可见，要想获得真正的幸福，最终还是要由幸福的未婚来决定幸福的已婚。进一步说，如果你现在想结婚，并且期待婚后的生活能够幸福，那么你就要改变自己。你首先要让自己成为一个非常幸福的未婚女人，从此刻起，改变自己的公主病，放低自己的眼光，改变自己的坏脾气，降低对男友的要求，专一地对待感情……只有在婚前做好真正的自己，在婚后才不会迷失自己，伤害对方。

婚姻并不是爱情的坟墓，也不是幸福的天堂，而是人生的一个过程。就像是有一盆有杂质的水，如果你用搅拌器来回搅动，那么水底的杂质就会浮出水面，人们会误以为这盆水已经发生了质的改变。然而，时间久了，你会发现杂质还是会沉淀下去，似乎又回到了最初的状态。婚姻也是如此，在热闹的婚礼现场上，有家人、朋友们的祝福，你会误以为你的人生发生了改变，而实际上，美好而浪漫的婚礼只有一天的期限。由于人们的性格没有发生变化，婚后的生活还是会回到最初的状态。就像上述故事中的王丽一样，她本身的性格多变并没有因为结婚而改变。所以，想要在婚姻这条大道上行走，单方面指望对方的包容和宽恕是行不通的。

巴厘岛是一个美丽的旅游胜地，很多新婚夫妇都会选择去那里度蜜月。然而，无论多么美丽的地方也会存在不安全的因素。或许人们会固执地认为，美丽的事物不会有瑕疵。其实不然，即使是在那风景如画的地方生存的人们，如果没有积极向上的目标，良好的心态，他们也会认为自己的生活是不幸福的。而一个有良好的素质、乐观的心态和善良性格的人无论走到世界的哪一个角落，都会觉得仿佛是到了天堂一样。人也是如此，当自己还没有把状态调整到最佳的时候，或者说性格不够成熟的时候，就不要轻易选择婚姻，或许单身才是更明智的选择。而盲目地选择婚姻，只会被婚姻所束缚，成为一个婚奴。只有当自己可以承担起婚姻与家庭赋予的责任，有稳定的经济基础，并对于外界的金钱、美色、权力有良好的控制力的时候，再选择婚姻，这样才能真正地担当起婚姻与家庭的重担。

单身与结婚永远都是一个值得人们争论的问题。当你还在高呼“单身万岁”的时候，是否会发自内心地羡慕那些有着美满家庭的人？其实，单身也好，结婚也罢，都有各自的利弊。如果你能够改变自己，成为一个幸福的未婚者，相信在婚姻生活中也一定可以成为一个幸福的已婚者。

7. 精打细算，彻底摆脱成为婚姻奴隶的命运

结过婚或者是经历过亲友结婚的朋友都会发出感叹：结婚真的是可以让人“脱一层皮”啊！这里不仅是结婚当事人及其亲友的车马劳累，如果各方面的费用规划不周，甚至像平时生活一样大手大脚，那么对于我们的钱包来说，绝对可以称得上是一次“洗劫”。因此，很多人为了一场婚礼而拼尽全力，甚至为此而改变了自己的结婚计划，影响自己的婚姻生活。到头来，婚礼虽然热闹，但是当人车散去，饭冷茶凉时，不免会生出“空欢喜一场”的感触，最后直接成为这场婚礼的奴隶。事实上，想要达成同样的婚礼效果，当事人完全可以大幅减少自己的花费。有调查数据显示，一场花费20万元办理下来的婚礼，在不影响效果的情况下，完全可以将费用降到5万左右。而达成这一效果的奥秘其实只有4个字，那就是“精打细算”。

一场婚礼究竟需要花费多少钱？通常来讲，策划者首先应

该根据自己的承受能力来定，即确定整场婚礼的预算。策划者千万不要什么事情都临时决定，否则花费将没有任何节制，最后的总体数额会令人咂舌。其次是确定婚礼的主题，比如说时尚、个性、实用、温馨、中式、西式等。因为就目前来讲，很多婚庆公司都会提供全套婚礼服务，当事人所需要做的往往只是确定一个主题，诸多细节都可以交给对方考虑，最多也就是婚姻当事人提出一些自己的想法和要求。在确定了婚礼的预算和主题之后，还有一部分花费是不可避免的，即结婚所必需的一些物品，同时这也是节减婚礼花销最值得考虑的环节。

按照国人的传统，婚宴基本都是婚礼的重头戏，花销的比例相对较大，通常可以占到预算的一半左右。接下来，婚庆仪式就可以分为隆重、简单两种。当然，婚姻是人生大事，绝大多数人一生都只有一次，有些新人或新人的家庭比较好面子，认为婚礼应该办得热热闹闹、体体面面，因此，不惜为此花费重金，最终赢得了亲朋好友的赞叹。这本是无可厚非的，但是进入新世纪以后，越来越多的新人会选择旅行结婚，在享受甜蜜二人世界的同时，也可以尽览大好河山，实现自己心中的旅行梦想。尤其是对于那些喜欢安静的新人来说，这样的选择不失为一种明智的选择。况且现代的都市生活十分紧凑，除了结婚之外，很多人几乎没有“停下来喘息”的机会。如果不能趁着这个机会好好游玩一下，很可能一辈子都不能实现心中的旅行梦了，再加上有自己心爱的人陪在身边，幸福的感受自然倍感强烈。

新人不仅应该在结婚前就开始对婚礼的策划，同时也应该在具体的婚礼花费中列出书面的花费明细。然后在总体花费不变的情况下，进行适当的费用挪用，比如选择旅行婚礼的话，婚纱摄影的钱可以节俭下来补充旅行方面的支出，这样旅行的目的地就可以选得更远或者更美，而那些比较近和比较普通的景点，则可以选在一般的节假日去游览。事实上，这里存在一个婚礼的附加值问题，既完成婚礼的同时，又为自己创造其他方面的价值。以旅行婚礼为例，环境的骤然改变可以让我们的身心得到最大限度的放松，同时也让我们的精神面貌有一个好的转变。即使没有婚礼为契机，旅行同样是很多人休闲放松的最佳方式。如果我们能够将旅行和婚礼结合起来，不仅可以免除婚礼的应酬劳顿，还可以在旅行过程中放松身心，绝对是一举两得的做法。

同样是出于婚礼附加值的考虑，新人还可以把目光锁定在婚礼礼服上。众所周知，昂贵的婚礼礼服对于很多人来说一生只用一次，用完之后就只能束之高阁了，而其中当然也包括男装婚礼礼服在内。为了契合婚礼的要求，很多设计师都会在礼服上融入婚庆的元素，而为了让礼服能够在婚后仍有利用价值，很多设计师又会尽量减少婚庆元素的融入，可谓左右为难。在这种情况下，婚礼礼服租赁市场开始活跃起来。设计师对于婚礼礼服的设计便可以大胆加入婚庆元素了。然而，新的问题随之产生，即婚礼从某种程度上来讲，“新”字占有非常重要的意义。如果在结婚的时候穿着一件别人穿过的衣服，我们心里的感受可能会不那么自然。何况一些婚庆公司只顾着谋求眼前的利益，租赁的礼服不仅样式呆板，甚至存在一些污渍和褶皱等情况。于是，一个关于婚礼礼服的提议出现了，即在婚礼结束之后，将礼服改成可以平时穿着的衣服。目前，很多礼服商家都有这项服务，新人的礼服在婚礼上穿用之后，还可以由专业人士改成小礼服或晚礼服。新人在进行相关服务选择时，可以在这方面加以关注。

如果人们对婚礼运筹完全没有概念也没有关系，我们接下来以比较大众的20万元婚礼花费为例，进行具体花费比例分析。首先是雷打不动的婚宴花费，以10桌宾客计算，5000元的标准已经可以享受不错的酒菜了。这项花费预算大概在5万元左右。接下来就是婚礼仪式预算，这里通常需要寻求婚庆公司的帮助，但是我们不要定制现成的套餐服务，而是应该和婚庆公司共同商定婚礼仪式流程，在节省开支的同时，也可以尽量做到个性化，预算基本在2万到3万之间。正所谓“人靠衣装，马靠鞍”。对于时尚靓丽的现代都市一族来说，平时穿衣打扮就已经非常在意，婚礼礼服自然不能有一点马虎。这里的婚纱礼服（男女两套）预算不应低于1.5万元，否则商家可能会在衣服的设计、制作和用料方面失去利润，这就意味着礼服的质量会在不同程度上打折扣。

此外，由于人们物质生活水平的提高，钻戒已经成为婚礼仪式的必备物品。因为市场属性的不同，这笔开销应该在3万到4万元之间。其余像喜糖、喜烟、喜酒、饰品、礼花、礼炮等综合费用不要超过1万元，但这里同样需要花费心思，不要在这些小细节上留下遗憾。接着就是蜜月旅行，通常国内比较不错的旅游线路和服务花费不会超过每天2万元，一对新人的总体花费也可以保持在4万元以内。当然了，计划赶不上变化，如果婚礼仪式过程中出现了超出预算的情况，而新人又不想减少婚礼项目，则可以考虑自行制作一些婚礼元素。比如婚礼婚纱照，我们完全可以采用普通照片为底板，拿到照相馆进行艺术处理，反正婚纱照的效果也会存在不同程度失真。其余如婚礼现场的迎宾牌、桌号牌、席位卡、小道具等，只要时间和精力允许，都可以自行制作。

在选择结婚钻戒时，考虑因素比较多。首先，出于附加值的考虑，我们应该尽量保证婚戒的后续使用价值，也就是不要购买一些婚庆主题突出的戒指。其次，结婚当然是买钻戒，很多新人也确实会比较看重钻戒，因此不惜为此花费重金买下一个“纪念”。在这种情况下，新人们可以在其他方面精打细算一番。比如，1克拉的钻石和0.9克拉钻石差价非常大；净度在VS和SI级别的钻石也差价惊人；VG级别和接近VG级别的切工同样差价不小。而上述这些钻戒的差别，即使是专业人士也肉眼难辨，对于我们这些非专业的大多数人来说，就更加无法区分了。如果我们仅仅是为了纪念婚姻而买一个钻戒，实在没有必要在这些细微的差别上较真儿，能够节省更多的钱用在更实际的地方才是硬道理。此外，所谓钻戒，主要魅力在钻石上，而钻戒的价格实际是由钻石和底托两部分组成，我们在购买时应该注意不要花太大心思在底托上。

最后一点尤其值得消费者注意，消费者为了保证自身利益，在消费时要“货比三家”。在货比三家的时候，我们绝不能将目光锁定在商品的价格上，而是应该从各个方面进行综合考虑，性价比才是我们应该进行考量的最重要标准。当然，如果你在货比三家的过程中遇到了一个价格明显优惠的商家，那么只能恭喜你可以直接把对方排除在自己的选项之外了。因为市场在经过成熟的发展后，价格差别其实是比较细微的，而且往往是以牺牲其他方面的属性优势为代价。如果遇到价格非常低的商品，则说明它必定是残次品，甚至是伪劣产品。此外，购买非品牌钻戒和选择网购方式也是省钱的好方法，不过这里有一点需要格外注意，那就是防止上当受骗。

第四章

人口、户口、瓶口，大国的“三口”效应

早在1982年3月13日起，国家从民族的整体利益出发，实行了计划生育政策，有计划地控制起了我国人口向更大规模的发展。因为早在1798年，英国牧师托马斯·罗伯特·马尔萨斯就曾预言：如果人口增长超越了食物供应，就会减少人均占有食物量。事实上，在我国最初实施计划生育的10余年间，也确实收到了显著的效果。

但随着国家经济发展步伐的不断深入，我国的计划生育政策也根据区域的不同而采取了不同的相关政策，但是我国的人口却依然没能停止增长的步伐，到2006年已经超过了13亿。在人口不断壮大的同时，国家也采取了比较完善的户籍制度，于是，在庞大的人口、户口拥挤之下，我国经济在经历了一轮高速发展之后，也遇到了发展的瓶颈，以至于使我国这个泱泱大国，在面对处于人口、户口、瓶口簇拥之下的中国经济改革大潮时，一些问题逐渐显露了出来。

那么，面对如此汹涌而至的人口大潮，勤劳的中国人又该如何寻找自己的幸福呢？

1. 黄金周，你看到的为什么是人流而不是风景?

黄金周本来是人们缓解工作压力、修身养性的宝贵假期，但是在黄金周期间选择到热门景点观光旅游的人，恐怕感受并没有那么轻松。一项来自2012年国家旅游局的数据显示，在国庆长假期间，全国各大旅游景点客流量达到275万人次以上，比上一年同期峰值上升2.3个百分点，旅游收入达到5.2个百分点。数据还显示，全国个别热点旅游景区如庐山，其游客数量在国庆长假期间增加接近半数，使景区各方面的承受能力受到了很大挑战。而这样的数据带给每一个旅游者的感受就是旅行变成了游行，度假变成了受罪。因为到处都是一眼望不到边的长队，每个风景点都人满为患，同时景区花草和设施等损坏严重，环境和风景的美感受到了很大程度的破坏。

由于人流量的激增，游客在旅行途中的吃、住、行都成了很大的问题。首先是吃，长途旅行的游客需要乘坐火车，而火车餐难吃昂贵早已世人皆知，很多游客都会为此而准备足够食物。但是人们主要的目的在于旅行，不可能一直吃自带的食物，至少品尝当地美食是整个旅行的重要组成部分。然而，因为人数的激增，食物供应显然会出现不足，人们为了能够满足自己的口腹之欲，更是会疯狂涌进美食区。这样一来，游客在享受美食的同时，也会加大垃圾的排放量，使用餐环境受到严重的影响。就在国庆长假结束之际，网络上流传了一张三亚海滩游乐场变垃圾场的图片。在图片中，我们看到成片的垃圾覆盖海滩，海水中也不时浮起各种垃圾。对此，固然有环卫工人工作不到位的因素，但游客的素质是否更需要提高呢？国内的很多游客在出国旅游期间，都曾因为环境问题遭到当地部门惩处，同时也受到当地人诟病，这一点需要每一个人加以关注。

其次是住，应该说，在国庆长假期间，除了各大景区外，最开心的当属各大酒店的老板了。因为往往在国庆长假前，酒店的房间就已经被预订一空。然而，由于景区旅店的特殊性，入住率激增必然会导致服务质量的下降，很多游客甚至遇到了临时退订的情况，只因为酒店需要紧急接待的客人实在太多。湖北的王晓鸥先生在国庆长假期间到黄山景区观光自驾游，因为对情况估计不足，在经过一天的游览之后找不到酒店入住。他开车几乎找遍了整个黄山市，最终才在朋友的帮助下找到一家酒店。但是入住之后，王晓鸥发现这家酒店的设施和服务质量极为糟糕，尽管如此，他还是忍耐了下来。很显然，他在此时此地已经找不到其他酒店了。为了得到好一点的服务，他只好向酒店服务人员不断塞小费。

最后就是行，这也是旅游中值得注意的问题。几乎每年国庆长假期间国内相关部门都会提高运输能力，2012年国庆长假黄金周期间还免费开放了高速公路。但由于中国人口实在众多，彻底解决交通运输问题还需要进行深入的探讨和试验。国家路由研究院发布数据表明，在2012年国庆长假期间，国内居民共有超过一半人（7.4亿）外出旅行，虽然分布在航空、铁路和公路等整个交通线路，但是由于人数的突然猛增，各交通部门还是承受了巨大压力。一项来自四川旅游产业局的检测数据显示，国庆长假期间四川的传统景区和红色旅游景区人数最多，比如在成都锦里古街，在巨大的人流中人们前胸贴后背，很多旅客居然像堵车一样滞留原地不得动弹。像九寨沟、红龙岗、青城山、都江堰和峨眉山等地景区，其客流量也都在不断刷新历史纪录。

在旅游观光途中，还有一个困扰过很多游客的问题，那就是公厕问题。由于国内基础设施建设相对较晚，意识也相对比较落后，公厕问题一直困扰着游客，尤其是很多国际游客在中国进行旅游观光之后，留下最深刻印象的居然是公厕难找，或者卫生环境极差。以南京玄武湖公园（保存完整的皇家园林，国家4A级风景区）为例，国庆长假期间接待的日游客量达到13万人，而整个公园的公厕却只有12个，相当于1万多人用1个厕所。而且还有4个是收费的，也就是说会无形中增加游客上厕所的时间。虽然有消息称公园管理部门临时安装了30个临时厕所，但是这种剧增性的客流量和服务意识的落后，还是让很多游客受到了很大的困扰。

著名央视主持人白岩松在一期节目中就强调政府的基础设

施建设力度要加强，比如要多建公厕、合理设计道路、规范停车位区域等，以此来减少游客的不文明行为。同时，作为游客个人来讲，都不应该以此为借口做出不文明行为，而是应该从自身做起，从小事做起，培养自己的公共意识，坚定地将公共行动落实到位。

除此之外，一些资深的旅游人士还提醒广大游客，为了增加自己在游行期间的舒适度，应该避免带太多东西。所谓“远路无轻担”，即便是一瓶普通的瓶装矿泉水，放在背包里走上10公里也会感到沉重。所以游客在开始旅行时，要尽可能减少自己携带的物品。如果非要携带大包物品，我们也可以尽量将其寄存，比如在很多景点的入口处，都会提供寄存的服务，游客只要将贵重物品随身携带，其余“臃肿”物品都可以寄存给工作人员。

此外，还有很重要的一点，那就是游客要学会浏览各大景区的观光指示图。对于有经验的游客来说，进入景区后首先要做的事情都是将指示图牢记在胸，然后为自己制订一个简单的游览路线（指示图基本都有参考建议）。这除了可以全面浏览各个景点之外，也可以尽量减少不必要的时间花费。在浏览观光指示图时，游客除了弄清各个景点的位置以外，也要注意记清公厕的位置，以便需要时就近寻找。另外，还要注意不能暴饮暴食，否则一旦因此造成身体不舒服，必定也会使游览心情大打折扣。

最后，游客出行时如果允许的话，尽量错开国庆长假。因为就季节而言，国庆长假期间并不是最好的选择，至少不是唯一的选择。目前，很多公司都有调休制度，如果我们想要外出旅行，大可以请假前去，然后再用国庆长假期间进行补班。即使公司没有相关制度，只要工作性质允许，工作表现良好，相信公司领导也是会认真考虑的。这样一来，既可以错开庞大的人流，又可以在假期上班时躲开交通拥堵的状况，可谓一举两得。另外，游客也可以在国庆长假期间选择到海外旅游，避开国内的旅游大军，但同时也要注意避开目的地的旅游旺季。

2. 人口红利为什么也会变成人口负利?

“人口红利”是指一个国家人口较多，然后因为种种原因导致整体国民的出生率大幅降低。在这个过程中，因为社会主体（青壮年）对上可以和几个兄弟姐妹共同赡养老人，对下只需要抚养一个甚至不抚养孩子，从而出现大量的优质劳动力，使整个社会的生产力相对较高，国家的经济发展也拥有了一个较为坚实和良好的基础。中国经济在近年来得以飞速发展，庞大的社会劳动力资源无疑是一个至关重要的因素。至于“人口负利”则恰恰相反，因为随着时间的推移，曾经的社会主体成为失去劳动力的老年人，而变为纯粹的消费人群。但是随之成为社会主体的子女，却比他们还要少——通常是一对夫妇要养4位老人（独生子女家庭必然要面临的问题），同时还要抚养下面的孩子。

人口负利最明显的一个标志，就是社会人口的老龄化。就目前来讲，欧美等西方发达国家，包括亚洲的日本和韩国，人口都已经进入了老龄化，国家都已经开始出台了一些鼓励生育的政策。而中国2012年最新一次的人口普查结果显示，人口增长速度非常缓慢，而老龄化趋势却愈发严重。从这次人口普查结果中可以看到，中国人口红利的优势最多还能维持15年。如果我们不作出切实可行的应对策略，后果将是不堪设想的。

在经济学领域，谈到人口红利问题时经常可以看到如下3个案例。案例一：6个大人围坐在一起供养一名婴儿（包括婴儿的祖父母和外祖父母），这个案例想要表达的信息就是人口红利阶段，一个家庭中纯粹的消费者只有孩子，其余的人都可以创造价值，但是孩子的祖父母和外祖父母已经进入了创造价值的最后阶段。也就是说，他们很快也会成为纯粹的消费者，7个人组成的大家庭的重担都将落在年轻夫妇身上；案例二：父母为孩子准备了巨大的书包，累得孩子满头大汗。寓意着父母已经意识到将来的人口负利问题，孩子在数量上的减少只能在质量上“找回来”；案例三：曾经的婴儿长大了，而他面临的问题就是同时赡养6位老人，如果是以新组建家庭形式进行，就是一对年轻夫妻最多的时候需同时赡养12位老人，一般也得至少同时赡养4位老人。

进入现代化社会以后，随着生活水平的提高和医疗科技的发展，人类的平均寿命也有了大幅提高。对于社会文明进程来讲，这当然是一件可喜的事情，但是如果相关配套的供养链条出现断裂，在国家的人口负利时代真正到来之时，将出现大量的悲剧事件。比如，已经面临人口负利困境的日本，在一些边远山区常常可以见到清一色的老人聚集区，他们多是失去了生存能力的人。在这样的聚集区，基本上看不到新生儿的降生，而只能见到老人一个接一个死去，无论是生活环境还是生存氛围，都给了人们很大的压力。这种人口发展的负面影响将是持续性的。比如在韩国，社会进入人口负利时代后，国家出台了很多刺激生育的政策，但是由于“少生优生”的观念已经深入人心，即便国家放开了政策，并且出台了鼓励性政策，韩国社会的人口出生率还是增长缓慢。

与此同时，人口负利也会导致社会整体的产能过剩和生产模式单一。以下述人口负利现象为例：张小山家中有兄弟6人，他排行老三，村里人都称呼他小三，小山的名字还是在上学之后老师根据谐音给取的。虽然家中兄弟多，劳动力充足，但是由于可从事的生产劳动有限，张小山一家还是过着非常穷苦的日子。因此，张小山认为孩子多就要受苦受难，于是在完婚后只要了一个孩子，而他的兄弟也同样如此。改革开放之后，城里的打工机会增多，张小山兄弟六人都跑到城里打工，从最底层的工作开始，历经了千辛万苦，终于合资开办了一家运输公司，张小山兄弟六人的收入也开始翻倍增加。再后来，张小山兄弟六人开始考虑退休，并且让家里的孩子继承家族产业。但是，此时运输公司的利润已经非常微薄，孩子们的收入也有限，张小山等兄弟六人考虑将部分产业卖掉。然而，这个时候劳动力已经开始锐减，而且绝大多数家庭都有自己的产业，一些家庭变卖产业的想法比他们还要早。于是，人才市场供过于求的场面出现了，大量企业和单位出现了用人荒，即使支付再高的报酬，也无法扭转人口负利的被动局面。

近年来，在社会学领域出现了一个新词汇，叫做“抚养比”，即社会总人口中抚养者和被抚养者的比例，如果超过一定程度，说明人口负利时代已经来临。而被抚养的对象中，除了抚养成本日益高涨，并且在其成长过程中将越来越高的孩子之外，当然也包括没有赡养能力的老人。众所周知，这两种被抚养对象不但不创造资源，同时比创造资源的扶养者花费更高，比如孩子的教育支出和老年的医疗支出等。在西方国家，很多家庭因为孩子和老年人的消费导致入不敷出，甚至面临破产。政府为了保护这些家庭，只好接管抚养义务。但是作为管理者，政府是不产生任何资源的，唯一的经济来源只能是加大税收，而税收的来源最终只能回到每一个家庭的扶养者身上。这样一来，就会形成一个社会范围的恶性循环，像美国通过向外扩张经济领域和掠夺资源解决这一社会矛盾，欧美国家则只能依靠各种贷款度日，其实质不过是饮鸩止渴。

从大的方向来讲，避免人口负利出现的最有效方法就是取消计划生育政策。如果生育率增长仍然持续低缓，可能还要出台相应的鼓励生育政策。但是，这种方法也并非在所有地区都适用，比如，其中一个很大的问题就在于，计划生育政策的难点基本都在农村，这些地区人们的科学生育意识比较薄弱，即使在政策实行期间同样不只生育一个儿女。那么，一旦政策解禁，这些家庭很可能会生育多个子女，从而导致再次陷入“越穷越生，越生越穷”的怪圈儿，好不容易建立起来的社会成果也会前功尽弃。

目前来讲，中国社会各界针对人口负利问题提出的最妥善的方法，就是由国家政府出面，加大教育投资力度，建设完备的国家级师资网络，覆盖到全国各个地区，并且持续减免学生需要自己负担的费用，直到实现整个学习过程的全面免费。这样一来，接受高等教育的社会成员就会越来越多，每个人都可以具有相对同等的教育环境，在我国人口负利时代到来之前，完成人口转型，以避免中国重蹈当前欧美和日韩等国的覆辙。

为了保证整个国民经济的持续发展，在完成人口政策积极转型的同时，还必须要注意完成经济模式的转型。就目前来讲，中国的经济增长还是主要依赖于粗放的劳动密集型产业，也就是说，我们主要还是依靠廉价的劳动力来创造经济效益的。这也让很多国人在听到“世界工厂”的称谓时，感到的不再是自豪，而是自卑。而且与此同时，我们也付出了巨大的环境污染和能源消耗代价，如果中国社会在进入人口负利时代之前不能完成相关转型，届时我们的优势将不复存在。所以，作为已经跃升世界第二大经济体的我国社会，整体产业的有机调整还有一段很艰难、很漫长的路要走，单纯地依靠廉价劳动力显然是行不通的。

严格来说，任何一个完成由多到少人口转型的国家，都将享受到人口红利带来的好处。但是不得不说，这种人口红利带来的强大生产力推动，让很多国家产生了盲目的乐观态度，从而导致在人口负利到来后纷纷陷入泥沼之中。比如与我们同处亚洲的日本，其经济腾飞最早，同时人口红利开始也最早，而且大概持续了有60年之久，一直到以区区弹丸之地成为全世界第二大经济体。但是到了今天，由于对人口问题的忽视，人口负利时代来临后，整个国家陷入一片死气沉沉，到处都可以看到老人，孩子却很少见到，其整个社会各领域的情况也就可想而知了。况且，人口负利也并非意味着国家经济的必然衰退，比如被称为“亚洲经济四小龙之一”的新加坡，在经过人口转型（从人口红利时代进入人口负利时代）之后，其国民的人均GDP达到3万美元之高，前后翻了几番。

因此，面对人口红利问题，不仅是国家和政府需要谨慎处理，对于每一位国人来说，同样需要认真全面综合地考量自身状况，规划好自己的生育计划。

3. 人口13亿基数成双刃剑，资源政策何去何从？

我们首先来看一组数据：中国国土面积排行世界第三位，人均土地占有面积是世界人均线的1/3；耕地面积排在世界第四位，人均占世界均线的1/3；矿产排在世界第三，人均占世界均线3/5；河川径流量（水力资源）排在世界第六，人均占世界均线的1/4；森林面积排在世界第六，人均占世界均线的1/5。由上述数据可以看出，中国资源的总量排名全部都在世界前列，但是人均排名却连平均线都没有达到。如果继续依赖传统的消耗方式，中国经济增长必然会后继无力，甚至前功尽弃。

在国家公布的关于《十一五工作报告》的未来计划中，就有关于必须促进高效利用系统和循环利用系统的建立和发展，使资源得到充分合理利用开发的项目。与此同时，中国的人口政策也在持续落实，计划生育政策长期成为中国的基本国策。相信很多人看到上述的数据之后，也会立即想到减少我国人口数量，借此来增加人均的资源占有量。但是实际上，这种做法已经被学术界讨论了很久，并且在我国人口逐渐进入老龄化之后，我们的人口政策也再次被国家有关部门提上日程。

首先，相对于减少人口基数来提高人均自然资源利用量来说，人为创造的资源，包括人力资源本身，则完全脱离了这样的思维定式。一个最简单的事实是，人口基数大，人们在消耗大量能源的同时，也在提供巨大的生产力保障。而一个国家的综合国力的发展，显然是离不开人力资源保障的。从这一点来讲，只要调度合理，资源的承受能力在合理范围内，人口数量是越多越好的，一味地减少人口数量，显然会对经济发展产生负面影响。中国经济能够在2012年得到突飞猛进的发展，与人口发展进入红利时代不无关系。人口红利为中国的综合国力发展和经济增长打下了一个坚实的基础。

此外，高科技的不断更新涌现，也使得各种资源的利用率一步步得到提升。比如，同样是一亩田地，因为科学技术的加入，其产量比以前必然有所提升，能够养活的人数自然也会有所增加。一个最有力的证明就是袁隆平先生开发出来的优质杂交水稻，它不仅解决了国人的吃饭问题，同时还为全世界发展中国家的粮食问题作出了重大的贡献。因此，人口基数需要宏观调控，但根本问题并不在于此，而是我们应创新出足够新和足够多的高端科学技术。这里同样存在一个不能忽视的问题，即个别资源的利用率很小。也就是说，虽然人口基数意味着要多消耗资源，但大多数人所消耗的资源，只是一些与吃、穿、住、行等相关的基本资源。

从经济发展方面来讲，资源并非最核心的问题。比如韩国和日本都是资源比较匮乏的国家，大部分能源依赖于进口。但是，日本在全球的经济地位已经被世人公认，韩国近年来的发展也卓有成效，在一些高科技领域甚至超过日本。可见，拥有资源优势虽然是必要的，但是对于整体的经济发展来说，绝不是最重要的组成部分。再比如我们邻国的俄罗斯，其各类资源均占到世界前列，但其经济发展一直以来却并未得到真正意义上的突破，况且俄罗斯的人口数量也并不多。

由此我们也可以得出结论，人均不足，绝不能将责任一味推卸到人口基数过大上面。我们都知道巴西和美国比起来，其国土面积大体相当（比美国相差80平方公里），人口的数量比美国还要少1000万左右，但是其经济实力和美国却有天壤之别。再比如，日本的人口数量和俄罗斯相差不多（0.2亿），国土面积却不知道要少多少倍，但是仅从经济方面来看，日本又要明显胜过俄罗斯。由此可见，人口数量众多绝对不是影响一个国家经济发展的负面因素。

所以，提高各类资源人均占有率的方法，应该是建设强有力的国家运作机制、安定和谐的社会环境，实施稳定的经济政策、自由开放的贸易制度，以及健康合理的教育保障制度。只要有了这些基本保障，不仅人均资源占有率会稳步上升，并最终达到一个非常理想的高度，其余各个方面也都会有非常理想的发展。目前，随着经济实力的逐步加强，中国在提高资源人均占有量方面加大了各方面的投入，实施了一系列发展战略，但是有一点可以明确，绝不能为了增加人均占有量，而采用限制人口增长的方法。这样虽然可以让人均占有率得到一定提升，但从更长远的角度来讲，必须要把握一个合理尺度。因为欧美各国以及日本和韩国，都已经经历了整个过程，并且现在正在被人口负利的局面所困扰，所以我们必须要提高警惕，在人口负利真正到来之前使人口政策合理化，避免重蹈欧美和日韩的覆辙。

4. 人口数量的合理化有何优势？

新华社刊载的最新消息称，截止到2011年底，全球人口已经突破70亿人。而中国由于实行计划生育政策，人口增长数量要比预期减少了4亿。仅从时间上来看，就将世界人口突破70亿大关推延了5年之久，为世界人口增长减压作出了重要贡献。尽管如此，中国人口仍然是世界上最多的国家。但是，世界第一人口大国并不是那么好当的，一旦处理不当，可能会引发一系列问题。

因此，中国政府制定并实行了计划生育政策。按照国家社会保障局的推测数据表明，如果不实行计划生育政策，我国人口在2015年前后就可以达到20亿以上，届时来自各方面的资源压力将会更加巨大。不要说中国的经济发展取得不了今天这样的好成绩，甚至可能出现经济倒退的现象，因为仅仅解决人们的吃住问题，可能就已经需要国家投入全部精力和财力。从具体方面来看，目前中国可耕种用地为18亿亩，这18亿亩良田的开垦，有一部分是以牺牲山林、草场、湖泊为代价的。目前来讲，中国人均水资源占有率已经在世界排行中比较落后，再加上中国在农、林、牧、副、渔等产业的用水方法比较落后，每年又会有大量的水资源浪费和污染。如果人口数量不加以控制，一旦出现紧急状况，很可能连国民的最基本生存保障都会出现问题，国家的经济发展、民众生活指数的提高也就无从谈起了。

当然，发展国民经济绝不能仅仅依靠计划生育政策，还需要一整套的措施进行促进和保驾护航。比如，我国在十一五期间进行的西部大开发战略，以及全国范围内轻轨交通的建设，都将集中在东部沿海地区的人力资源进行了有效分化，使二线甚至三线城市的建设得到了很好保障。人们投身于国家建设的同时，也取得了自己想要得到的成功和梦想，国家的综合实力也得到了质的提升。比如，令世界瞩目的三峡大坝工程，虽然经历了长期的人力和物力投入，也让很多原住居民迁往了新的住地，但是三峡工程在建成以后，为国内提供了电力供应，几乎满足了整个珠三角地区的消耗需要，同时对于防洪、排涝和航运也起到了很大的积极作用。

从整个社会生产力的发展角度来看，人口数量的合理化也带来了很多积极的推动，很多实惠都是人们看得见、摸得着的。比如，在人口众多的年代，一家人有好几个兄弟姐妹，农忙时节必须全部参与劳动，而且劳累程度不是亲身经历的人都无法体会。但是，在人口数量合理化之后，很多人都进入城市打工，为家庭收入带来了新的增长点，而农忙时节也不再需要全部劳动力了。因为劳动力虽然减少，但田间作业出现了机械化，以前10个人能完成的工作，现在一个人就能完成了。虽然机械作业需要支付一笔费用，但是和农作物的总体收入比起来，所占比例很小，而且释放出来的劳动力打工所赚取的收入，也带来了更大的一部分经济收益。近年来，随着我国整体经济的发展，企业用人需求越来越大，这也促成务工人员的工资越来越高，稍微掌握一些技巧的农民朋友，在劳动强度不大于农忙工作的情况下，收入已经接近工薪阶层了。

从长远角度来看，虽然目前中国房价居高不下，但人口数量已经基本呈现合理状态，所以需要买房购房的人会越来越少。再加上已经存在的房屋空置率和不断加强的建筑能力，房价最终必然会降到一个合理的价位。虽然当前北京和上海等一线国际性大都市的房价仍然咬住不降，但是在中国中西部的二、三线城市，房价已经出现整体性下滑趋势。试想一下，如果中国人口在此时持续猛增到20亿以上，即使在政府的强大房市调整政策下，也可能会出现失控的情况。有关房地产界的专家已经做出预判，在2020年以后，即使是北京、上海等一线城市，其房价也可能回落到合理的水平。

应该说，今天的美国以3亿人口创下世界GDP总量和人均GDP全球第一的成绩，中国人口在完成合理化之后，凭借国人的勤劳和智慧，一定可以创造更好的成绩。在此需要说明的一点就是，人口合理化究竟怎样算合理。对此，《新华日报》的一名资深编辑曾撰稿指出，在资源条件允许的情况下，人口数量当然是越多越好。而且既然中国已经形成人口优势，就要尽量继续保持这种优势。中国应该在未雨绸缪的情况下，将计划生育政策调整为二胎政策，至少也要自愿生育二胎，基本维持中国人口总数的平衡。

在此，我们也必须同时积极面对人口老龄化的问题。正所谓“天下没有免费的午餐”，享受了人口红利的好处之后，人口负利时代的负面影响也是我们必然经历的阵痛，而社会人口老龄化就是一个最突出的表现。不过，对于被传统孝文化洗礼的国人，尊老爱幼的传统已经深入我们的骨髓，再加上老人多半会有自己的积蓄，所以，度过人口老龄化危机，战胜人口负利时代，绝不是一件不能完成的事情。再加上中国各种社会保障制度的实施和完善，父母的养老方面也能得到进一步的保障。

社会人口的合理化，必然还会带来教育资源的合理化，也就是让所有国民都有接受高等教育的机会。现在很多高中毕业生在报考大学的时候，都会感叹录取分数线太高，而那些分数不够，无法上大学的学生，也会抱怨自己考的分数太低，甚至很多地方的大学还有名额限制，以保证本市考生可以更多、更好地接受高等教育。事实上，这些都是因为教育资源不足所造成的。试想，如果一所大学的招生能力是1000人，那么本市的学生只有100人，那么这所学校还会有名额限制吗？如果全国报考这所学校的考生加起来都不够1000人，那么录取分数线还会那么高吗？答案必然是否定的。而接受大学教育对于一个人的影响非常重要。它对于国民素质，包括职业技能和思想意识的影响，将是质的飞跃。

最后，人口数量的合理化，也会对经济结构的调整起到积极的推动作用。比如，在人口过多的年代，人们赚钱的机会不多，即使赚到钱也是少得可怜。人们在得到自己的薪酬后，首先想到的就是把钱存起来，以备不时之需，消费能力低，同时也导致消费意识不强。但是，到了人口数量合理化的时代，人们赚钱的机会就会增加，同时购物能力和欲望也就随之加强。这样一来，商品在市场上的流通就会加快，企业为了取得竞争需求，也就会加快更新换代产品，整个社会的生产力和人们的生活水平也就进入一个良性循环，最终使人们过上幸福美满的生活。比如在2012年十一黄金周期间，国家推出了高速路免费政策，就是一种拉动内需、刺激消费的措施。结果显示，国人消费的能力和意识已经形成，十一长假期期间形成的强大观光洪流也不断创下了各种历史纪录。

5. 户口是身份的象征，也是权利的标记

不论是谁，在出生之后都会有一个身份，而这个身份的法律证明就是我们的户籍。不过户籍究竟是什么，也许认真考虑过的人并不多。在很多的人眼中，户籍就是一张身份证卡片，除了新近办理的时候，平时很少看上一眼。其实，关于户籍的名堂有很多，比如在建国之初，户籍只是一份简单的身份记录。公民可以拿着它在国内到处跑，随便在哪里都可以安家。到了1958年户籍制度改革后，户籍就具有了居住限定，户籍的调动需要到有关部门申请并备案。1963年，户籍又有了新的含义，即意味着不同的分配标准。不过，由于当时的人们都比较具有奉献精神，实际上并没有太多的人关注自己的户籍问题；改革开放以后，人们的物质需求和经济增长呈正比例增长，户籍因为对分配有影响也就被人们重新重视起来。

20世纪90年代初期，新疆塔城市沙湾县农村姑娘乔静宇

来到北京求学，由于成绩优秀，得以留在北京工作。此时，正值北京户口“卡”得最严的时期，乔静宇虽然进入国家机关工作，但由于非京籍户口的身份，还是让姑娘无法享受国家正规编制的各项权利。很快到了适婚年龄，婚姻也成了一大问题。尽管乔静宇各方面条件都很不错，但是给她介绍的对象在得知她的户籍不在北京后，都宣布告吹。在当时，可以说带给乔静宇压力最大的就是户籍问题。因为没有这简单的一纸凭证，她在各个方面都受到制约。最终，为了能够成为理想中的北京人，乔静宇不得不把自己嫁给了一个残疾人，只因为对方是北京户籍。幸好这个残疾人性格憨厚，在政府的帮助下也有稳定收入，后来还积极活动，帮乔静宇解决了户籍问题。

不过，这注定是一个悲剧，后来乔静宇与她残疾的丈夫离婚，拿着她的北京户口如愿以偿地过上了自己想要的生活，但同时她也留给了丈夫一个刚刚断奶的孩子。多年以后，乔静宇发现自己虽然得到了当初渴望的一切，但是幸福并没有如期而至，想想自己的亲生儿子已经长大成人，她却连与之见面的勇气都没有。背负着如此沉重的包袱，乔静宇后来尽管又两次再婚，可是时间都没有维系太长，直到后来过上了长期的单身生活。

从法律角度来讲，户籍的产生是人自然地与社会“签订”契约，是一种承担义务和享受权利的综合协约形式。每个人都应该从这两个方面去审视自己的行为，然后才能真正了解到户籍的深刻内涵，才能够使自己得到自由，得到发展和成功。近年来，中国在户籍制度方面已经逐渐放宽了对职业、教育、居住（暂居地）方面的限制，人们在大城市中工作生活也逐渐方便起来。虽然经济发展带来了社会新变革和新事物，但在初级阶段也只能暂且依靠户籍制度来限定，比如居住（永久）、出行（购车）和社保等方面。这就不可避免地让很多人想要通过户籍变迁的方法来获得这种权利。当然，我们从有关政策也可以看出，公民要想获得这种权利也需要承担一些义务。比如北京最新一项关于购车的政策规定："非京籍大陆公民，必须持有北京市工作居住证且连续五年以上在本市缴纳社会保险和个人所得税才能够进行'摇号'。"

不过，由于我国经济的不断发展，城市建设的人才缺口也在逐步加大，城市人口自然也在不断增长。一项来自《北京城市总体规划》（1991—2010年）的文件表明，北京市委规划在2010年时北京的常住人口为650万，但实际上到了2010年进行人口普查时，北京市常住人口的数量已经达到1099.8万，其中还不包括已经形成常住事实，正在申请户籍批准的大量人员。面对这种情况，北京市委在各个方面卡住入城人流，力度不断加强。以北京教委制定的"留京指标"为例，1991年时留京指标为25%，主要针对当时的本科和专科大学生，因为在那个年代大学生供不应求，是用人单位争抢的对象。但是仅仅到了2006年，教委的"留京指标"就已经下降到了15%，主要针对人群已经转向硕士和博士，非京籍的本科和专科大学生通过正常渠道留京的可能性已经微乎其微。

如果说那些没有得到留京指标的学生是不幸的，那么得到机会留在北京的学生同样也是有苦难言。比如，2009年毕业于北京某高校的中文系学生，共有18人为非京籍，其中5人最终得到了留京指标，但是只有2人成功进入了企业单位。其中一个费尽九牛二虎之力，好不容易才在北京郊区的一个贫困山村当了村官，月薪1200元人民币，确切的落户时间不定；另外一个留京工作的学生供职于延庆某分支部门，负责网站内容编辑，月薪2000元，持续5年良好工作表现才能正式落户北京。在接受记者采访的时候，一名受访者黯然地表示，其实吃苦受累没什么，但是在现实面前放弃理想、虚耗青春，却让他们觉得自己已经永远地失去了幸福。

时至今日，具有北京户口的人还能享有多大权利，这同样是向往“北京梦想”的人值得关注的一件事情。首先是住房保障，相关法律规定，北京人可以购买两套房，非京籍人员必须在京工作持续5年，并同时完成纳税和保险等，才能购买一套房；其次是买车，非京籍人员同样需要满足上一点要求后，才能进行“摇号”，即为车辆上牌照；再次是上学，众所周知，北京是全国教育中心城市，包括北大、清华在内的各类院校超过50所。这些院校在进行招生时，针对那些具有北京市户口的学生，分数线较低；最后是养老，主要包括重大疾病伤害保险和退休金。2012年，北京市养老退休金以人均每月2268元位居全国之首。

最后需要了解一下获得北京市户口的正规渠道。一是考公务员，进入国家机关进行工作，由于公务员的组织安排是由国家有关部门统一管理的，户籍问题可以直接由人事部办理；二是进入国企单位、科研单位、教育单位任职，这些单位通常都有国家给予的工作人员“留京指标”；三是获得国家规定的村官或社工职位（主要也是考取），在工作年限满后，可以转入正式北京户籍；四是国家承认学历的归国硕士及以上学历，并进入国家认可的企事业单位任职两年以上，由专门的国家部门为其办理北京户籍；五是获得博士学位后，可以不受任何指标限制获得北京户口，包括其家人的户籍问题；六是夫妻关系投靠，比如男方是北京人，如果妻子不是，可以在婚后申请北京户籍，但婚龄限制在10年以上，45周岁可以降到5年，55周岁降到2年；七是子女投靠父母，即父母为北京人，子女可以申请北京户籍，但需符合计划生育等法律法规；八是一些临时性的国家规定，比如近年来的“千人计划”“留学生归国创业计划”“招商引资计划”“特殊型人才计划”等。

显而易见，随着我国各种法律法规的逐渐完善，户籍制度也在全面发展并取得了很大进步。比如在20世纪50年代，人们只是将户籍简单地分为“城市户口”和“农村户口”，但是因为我国正在从传统农业社会向工业社会转变，二者之间的定义已经逐渐模糊，农村人口进城打工和城市人口到乡下投资农产都已屡见不鲜。而且，如今相关的法律已经逐渐完善，在规范引导广大留京人员的生产活动行为的同时，也最大限度保障了其合法权益。

6. 计划生育政策：时代赋予中国的桥梁

目前，中国的低保政策已经从试点地区向全国各地铺开，农村低保也已经正式成为国家政策和制度，具有了相应的法律效力。低保资金的来源，除了地区的财政保障，中央财政也将成为重要后盾，并且在2007年初，国家就已经投入了30亿元，覆盖了全国31个省市区2068万贫困人口。对于一些贫困地区，国家还提供了有针对性的保障措施，全面保护全国各地区的贫困人口。从长远角度来看，计划生育政策可能会导致家庭保障力度的不足，包括上文中提到的养老问题，都需要政府予以大力支持。根据计划生育协会最新发布的消息称，我国计划生育政策目前总体的发展形势良好，但是同时也出现了一些负面因素，并且始终存在着一些无法解决的问题。综合来讲，可以分为以下几个方面：

人口高峰期的到来。由于我国人口基数过大，虽然实行了计划生育政策，但是目前中国人口仍然在国家的控制下持续增长，估计到2030年，中国人口数量将会达到历史最高峰值，人口大概在15亿上下。不过，按照目前的发展趋势，印度会超过中国，成为世界人口第一大国，中国则退居第二。而中国的人口政策，也将开始全面转向提高人民的综合素质上来，教育资源的建设会成为重中之重。

环境污染严重。由于世界工业生产向中国全面聚拢，在给我们带来巨额经济利益的同时，环境污染问题也不可避免地出现了。据悉，工业污染导致的食物和蔬菜污染，会对人们的健康产生危害，同时也会影响中国公众的生育能力，比如生育率降低、成活率降低和新生儿存在生理缺陷等。

就业人口的增多和技术单一造成的就业压力。目前，我国尚处于人口红利时期，社会劳动力丰富，但是因为大部分人只能从事一些低技术含量的工作，导致我国劳动人口就业模式单一，再加上人数众多，中国公民的就业压力一直居高不下。相关专家提醒，在国家大力调整产业结构的同时，广大人民也要积极学习新的劳动技能，尽可能增加技术含量，在为国家作出贡献的同时，也有利于个人获得更好的经济收入。

社会人口老龄化日益加重。老年人口是社会主义建设的重要功勋，中国文化同样也具有敬老、爱老的传统，因此在我国人口老龄化不断加重的同时，国家的社保压力也在逐步加大。有关数据显示，我国老年人口（60周岁以上）在2011年占到全国总人口的11.7%，预计到2020年这个比例将上升到16.3%。这对于我国社会来说，无疑是一个巨大的挑战，尤其在农村，养老已经成为非常突出的问题。

人口性别比例日渐失衡。目前，我国社会人口“男多女少”的现象已经出现，这就意味着很多人一出生就注定要孤独终老。预计到2020年，中国处于未婚年龄的男性将比女性多出3000万人，这个数字无疑是可怕的，因为世界上很多国家的总人数还不到3000万。如果这个问题得不到解决，终将会成为一个隐形的社会矛盾，可能会酝酿出一些难以预料的后果。

城镇化建设下的流动人口难以控制。因为中国不断引进工业生产企业，大幅建设城市化，需要大量的劳动人员。再加上国家在很多地区实行了封山护林、封湖护水政策，以及不同程度的海禁政策，很多“靠山吃山，靠水吃水”的人都进入了大城市打工。但是，由于家园难舍和城市住房价格居高不下，使这些人打消了在城市常住的打算，而是根据风潮四处游走，这就使国家对这部分群体的监管产生了一定的困难。因此，针对流动人口的各项措施，也是计划生育政策所鞭长莫及的，长远的计划还必须遵从一定的规律。

新贫困人口的出现。虽然竞争空间有限、竞争压力较大，但是很多人通过自己的努力，还是成为了打工人群中的佼佼者，并顺利成为城市居民中的一员。但是，由于存在天然的生活壁垒，比如教育、医疗、社保等诸多方面因素，这些人在拼尽全力成为城市居民的同时，也基本耗光了自己所有的积蓄，成为了新的贫困者。即使是那些未能成为城市居民的人们，因为工厂占地、环境资源保护等国家政策而失去了土地，也已经失去了最基本的生活保障，如果国家不能为他们的下一步和将来考虑并作出安排，他们同样会成为社会的不稳定因素。

资源承载能力和人口增长的矛盾。生活在这个世界上的每个人都是要消耗资源的，哪怕只是最基本的食物、淡水和住所，幸好食物、淡水和建筑材料都是可再生资源，使人们消耗的资源与再生的资源达到了一种平衡。但是，当人类社会进入现代文明时期后，西方社会所传输过来的各种各样的需求，使得各种资源消耗也成为人们的日常行为，这无疑从根本上加大了各种能源的消耗力度。消耗资源的人口和提供消耗的资源，也就成为了天然的对立关系。在资源不变的情况下，人口数量越大，人与人之间的竞争也就会越激烈。如果是国家之间发生矛盾，很可能会使用战争的手段来解决问题，很多专家也都做出预言，第三次世界大战的诱因将是能源。到了那个时候，已经不再是和平与否的选择游戏，而是你死我亡的淘汰法则。

计划生育政策为我国经济建设和发展带来的好处有目共睹。我国能够在短短几十年内超过称霸世界数百年的欧洲各国，以及在亚洲经济中首屈一指的日本，成为继美国之后的世界第二大经济体，计划生育政策所带来的积极作用毋庸置疑。但是，解决人口和资源问题的方法有千百种，各界有识之士不断提出新的解决方案，使人口数量得到有效控制之后，在世界其他各国都在松弛甚至鼓励人口增长政策的国际环境下，中国的计划生育政策也在进行适当的调整。随着中国公民少生优生意识的提高，相信即使国家开放了“二胎”政策，很多家庭仍然会只生一个子女。而且即使开放二胎政策，中国最多也就是维持现有的人数不变，再加上诸多不可抗拒因素，总体人数必定还会有所下降。当然，这需要国家进行阶段性的控制，但是仍然需要提前在各方面做好万无一失的准备。

第五章

PPI、CPI、GDP，流失了你的幸福感

随着国家多元化经济发展模式的推进，国民经济的发展已经远远不是只停留在政府工作报告里的一份红头文件。它已经随着人们经济意识的提升，深入到了广大民众的心里，并且和人们的日常工作和生活产生了很大的关联性，这是国民素质的一大提高。但当人们在切身感受到经济大潮的同时，也对诸如国家统计局公布的一系列经济数据产生了很多的困惑：为什么GDP年年都在增长，人们却并没有从日渐强大的国力下感受到自己越来越幸福呢？为什么CPI代表着一个居民消费水平，可是一旦增长得过快了，就会出现通货膨胀呢？PPI数据下跌了，人们的工资即使也在逐年增长，为什么买到的东西却越来越少了？国内生产总值提高了，不就是说明国家富有了吗？可是，为什么国家富有了，老百姓的幸福感却在指缝间一点点随着PPI、CPI、GDP等经济数据的发布而悄悄流失了呢？PPI、CPI、GDP等经济数据的变化究竟说明了什么，国家的宏观经济制定与微观经济调控到底意味着什么？这些经济数据的变化，和老百姓平常的生活和工作有着怎样千丝万缕的联系？

1. 通胀压力究竟如何影响居民的幸福感？

幸福虽然是人们心理上的一种体验，但是如果想真正获得幸福的感受，那么就不能忽略了外部环境对人的影响，因为每个人都不是孤立地生存在这个世界上的，尽管在很多偏远的山区，一些农民过着看似与世无争的自给自足的生活，但实际上外部环境的变化依然能够从细微处影响到他们的生活。所以，人们是否能在一个城市或是一个小村庄里获得幸福感受，和外部环境有着重要的关系。

在和平年代，对人们的幸福感产生重要影响的首要因素在于一个国家经济运行的机制。这是因为，大到一个国家，甚至是整个世界，小到一个村落、团体，如果没有好的经济运行体制，就很难应对突如其来的经济风暴。在西方资本主义国家里，这种情况经常会以阶段式的情况发生，比如赫伯特·胡佛在就任美国总统时，正好赶上1929年10月24日，以纽约证券市场的崩溃为暴发点的经济危机。当时，这场经济危机曾席卷了整个资本主义世界，赫伯特·胡佛虽然励精图治采取了很多应急措施，但最终却没能力挽狂澜改变现状，不仅因此葬送了他自己的政治前途，没能继续担任总统，也使得美国很多地方出现了乞丐们所称的“胡佛村”，所以在那个时代，生活几乎都成为了一种奢望，就更谈不上幸福了。

2008年9月15日，以美国的主要投资银行的雷曼兄弟公司的破产为导火索，一场由美国次贷危机引发的全球性金融危机再次爆发。在这场金融风暴中，中国也未能幸免，主要原因是当时中国的各行各业都出现了一股井喷式的爆发式增长势头，国内投资过热，特别是在证券市场，出现了前所有未有的火爆场面，沪指当时前所未有地突破6000点大关。作为中国经济晴雨表的股市异常活跃，隐藏在其背后的是大量的外资大举进入国内，人为地推高了各项经济指标。由于政府的及时干预，使得在这场危机之中，中国经济依然保持着9%的增长率。当时，以色列中央银行行长斯坦利·费舍尔曾坦言，作为发展中国家的中国，应当谨防经济回落和升温过快，以免在保持经济增长的同时物价失控。事实上，在2009年初，温家宝总理提出了经济增长“保八”的目标，而在当年的1月，据国家统计局发布的数据显示，2009年中国GDP比2008年增长了8.7%。

世界上很多国家都对中国在这场全球性的金融风暴中的表现感到了震惊，既然作为国内生产总值的GDP在金融风暴发生的第二年仍然保持着如此高的增长率，那么生活在中国的人们一定会感觉到比其他国家的人幸福了。然而，事实却并非如此。尽管GDP的增长率是衡量一个国家或地区的经济状况的一种指标，对反映一个国家或地区的经济发展状态和国民收入及消费能力的情况起着不可替代的作用。但是，不容忽视的一个问题是通货膨胀。由于外资的介入，人民币的汇率被人为性地推高，但实际上中国人非但没有感受到幸福，反而出现了一些抱怨。那么，究竟是什么原因使得一个国家的国内生产总值在持续高增长的情况下，人们却并没有因此而感到幸福呢？

其实，最为关键的就是通胀压力的不断增加。因为在通常情况下，CPI（居民消费价格指数）不断上升，通胀压力就会越来越大。这时候，如果人们的收入也能够随之加大，那么通胀的压力从理论上来讲就会变小。换句话说，在居民消费价格指数不变的情况下，当通胀出现后，就会出现这样一种情况：以往人们花2元钱就可以买一袋方便面，这时候却要花掉4块钱甚至是6块钱才能买到。在这种情况下，如果人们的收入不发生变化的话，那么就难以维持生活了。比如原先人们每个月花掉800块钱就可以维持生活的话，那么如今却要花去1600元甚至更多。不过，奇怪的现象却出现了，人民币兑换美元的汇率上升了，说明人民币更值钱了。但有一点却要明白，这种值钱是建立在一个前提之下的：既然是人民币兑换美元的汇率上涨了，可以用同样的人民币换取比以前更多的美元，但是只限于一种货币的兑换，如果人们想要用货币去购买货物，在国内是根本无法办到的，因为国内的通胀压力在加大，表现在生活中是和从前一样的钱实际上却买不回同样的东西了。如果想要体现人民币的价值，那么就只能拿着人民币去美国购物了。但是，试问有哪一个中国人会在中国挣钱却要坐飞机到美国去消费呢？

在这种情况下，国内生产总值增长后，生活在中国的人们自然也就不会感觉到幸福了。

事实上，当通胀压力出现的时候，首先还是反应在股市上。比如在中国，其实早在金融风暴爆发前中国A股市场就出现了一轮前所未有的单边上涨格局，沪指从2005年6月的1000点左右，一路高涨，到2007年的8月一举上涨到了6000点以上。尽管一个国家的高速成长首先会在股市上得到充分反映，并且存在着一定程度的放大效应，但发生在上证A股市场上的情况却是前所未有的。其实，外资大举进入的推动作用是不容忽视的，它也是造成祖国山河一片大好形势的因素之一。在A股市场上，开户人数历史性地突破了1亿，出现了全民炒股的壮观场面。如果暂时抛开其他因素，以及基金、期货和债券市场上的情况，仅仅从股市上看，1亿个开户人数，就意味着有1亿个人参与了股票炒作。而这1亿个人的背后，又隐藏着一个家庭，如此算下来，当年至少有3亿人直接或是间接性地和中国A股市场产生了利益关系。初步算来，当年股市的兴衰直接牵动着至少1/3的中国人的心。

结果沪指在一路上涨到6000点后，依然在高歌猛进。然而，谁也没有想到，6000点对于中国股民来讲是盛极而衰的转折点，随后股市一路下跌，直降到了2000点。到2012年底，虽然A股市场也出现了波段性的起伏，却依然在2000点上下徘徊。据不完全统计，当时在沪深两市开户的所有账户中，有超过95%的账户都出现了严重的亏损，损失超过50%的人高达75%。换句话讲，在这1亿大军的炒股队伍中，除了极个别的人赚到了钱外，绝大多数人都赔了钱，甚至是那些有着多年炒股经验的老股民也没能幸免于难。

赵芹是珠海市二中的一位数学老师，本来她一直都很安分地教着书。可是在2007年的时候，她发现人们经常聚在一起谈论股票，后来听一位同事讲才知道，原来很多同事都在炒股，并且还说，仅仅是几天的工夫就赚到好几万。起初，她并没将此事放在心上，可又过了没几天，她发现一向严肃的王副校长竟然也炒起了股，还经常和教务主任一起谈论股票的事情。赵芹觉得很奇怪：怎么忽然间人们都炒起了股？可是，还没等她弄明白到底是怎么回事，她的一位大学同学又和她谈起了炒股的事情，并且还告诉她，趁着现在行情好，赶快开个户炒股吧。

赵芹在2007年8月炒起了股，先是在同事的推荐下投了5万块买了一只股票，结果不到一周的时间，这只股票就上涨了30%，让她赚了3万块。于是，她抑制不住心头的狂喜，不仅将这8万块又悉数投了进去，又取了10万块投进了股市。到了第二年，股市开始出现下跌。起初赵芹并没有担心什么，因为这是炒股中常见的情况，她相信跌几天后又会涨起来的。于是，当沪指从6000点跌到4500多点时她又从银行取出了20万，投入到了股市中。可是，股市却最终没能如期地再回到6000点，反而一路跌到了2000点以下。赵芹前后所投进去的资金多达60万。最后，当媒体一片唱空之下，她不得不“割肉”卖掉了手中的股票。而此时，她账户里却仅仅剩下了不足20万。

在那两年内，类似这位中学老师的案例可以说比比皆是，本来是在形势一片大好中，每个人都希望通过投资而取得收益，从而让自己的家庭过得更幸福些。可是谁也没有想到，随着通胀压力的加大，不仅物价出现了大幅度的上涨，股价也水涨船高。股市在经过一轮上涨后，本来应该出现一定幅度的调整，可是由于通胀压力，使得投资大潮过热，造成社会资金的流动性过剩，使得股市上出现了虚涨的假象。而股市过度的上涨所带来的必定是某一阶段的一落千丈，那些超过1亿的股民的亏损，以及他们所关联的家庭、亲戚，那将是一个多么庞大的人数。试想，他们又如何幸福得起来呢？尽管在当时，人们的工资待遇等方面都得到了一定的增长，但比起通胀的压力来说，居民收入的增长却如杯水车薪，根本无法彻底缓解因CPI上升给人们所带来的经济和精神上的压力。

2. CPI与人们的幸福生活有什么关系呢？

随着经济改革的不断深入，一个专业性很强的经济学名词渐渐成为了人们十分关注的对象——CPI。实际上大多数人所关注的并不是CPI本身所反映出来的问题，而是在关心着另一个问题，那就是CPI如果持续上升，股市就会在通货膨胀之下出现接连上涨，一亿炒股大军便会从股市中赚到钱。所以在当时那两年，普通老百姓有些过于看重眼前利益，似乎只要是CPI指数出现升幅，管它升幅到多少，能够从股市里赚到钱就好，以至于在那一个时期，中国A股市场也被很多经济学人士戏说为“傻子进去都能赚到钱”。

中国股市的兴起让人们普遍关注起CPI指数。这的确是人们意识上的一大进步。那么，除了2007年出现的因CPI指数不断上升所带来的中国股市的一窝蜂现象外，CPI到底与人们的普通生活有着怎样密切的关系？CPI的升与降到底和人们的幸福生活有什么关系呢？

众所周知，CPI是居民消费价格指数的英文缩写，是反映与居民生活有关的产品和服务价格所统计出来的物价的变动指标。换句话讲，CPI就是市场上货物价格增长的百分比。所以，CPI通常被作为观察一个国家或地区通货膨胀水平的重要指标。但是，如果一个国家或地区的CPI升幅过大的话，那么就说明，当前的通货膨胀已经成为经济不稳定的因素。而在通常情况之下，CPI的升幅如果超过3%则会被视为通货膨胀，如果超过5%则会成为十分严重的通货膨胀。所以从这个角度看，CPI的持续升温一旦导致了通货膨胀，尽管能够给股市带来短期的上涨效应，但却会给国家的经济带来很多不稳定因素，比如2008年的中国股市大跌以及物价的上涨等情况。它不仅影响股市、基金等证券市场，还直接影响到了国家的整个经济运行机制。通货膨胀所造成的物价持续走高，更为直接地影响到人们的日常生活。因为国家可以运用一些手段对通货膨胀加以遏制，甚至可以运用行政手段对物价进行调控，同时给予居民一定的补贴，但所有这些至少都需要经过一段时间才能够看到效果。一般情况下，工资或是补贴等涨幅远远没有因CPI上涨所引发的通货膨胀造成的物价涨幅大。因此，CPI指数的上涨所吞噬的其实是普通老百姓的幸福生活。

在中国，构成CPI指数的商品主要包括食品、烟酒、衣着、交通、房产、通讯、娱乐教育文化用品及服务，医疗保健及个人用品和家庭设备用品及服务八大类别。其中食品价格排在首位，在很大程度上影响着中国CPI的走势。特别是在2010年，让很多中国人至今依然记忆犹新。因为在那一年，作为老百姓菜篮子中必不可少的大蒜，价格突然出现了谁也想不到的飙升，从往年的两三块钱1斤，像是坐上了火箭一样一下子上涨到6块钱，接着又涨到了10块钱1斤，有的超市里竟然卖到了十二三块钱1斤，而当时的猪肉价格也就七八块钱1斤。在往年，只要到街上的小吃店吃顿饭，就可以随便向店主要一头蒜吃。可是，在那一年不要说一头蒜，如果客人要的是面条最多也就给你一瓣蒜。这不是说店主小气，而是店主有更充足的理由——蒜比肉贵。

蔬菜价格超过肉类价格的情况在以往并不多见，除非那些蔬菜种植得较少，但是大蒜价格超过了猪肉价格，确实让人有些不敢相信。所以，人们将这种现象戏称为“蒜你狠”。因为大蒜的这种突然涨价行为不仅仅发生在了某一个省份或地区，而是全国的蒜市都出现了这种情况。造成这一现象的原因固然有很多，比如天气原因、大蒜种植面积的合理布局以及2010年出现的甲流等，但是如果我们抛开这些原因，就会发现一个不容忽视的事实——在“蒜你狠”时期，真正受益的并不是那些种植大蒜的菜农。那些吃惯了大蒜的城市居民在面对一头头大蒜时不得不犹豫再三。其实并不是人们吃不起，而是大蒜的价格的确高得离谱，嚼大蒜还不如吃肉呢?

其实在那一年，并不仅仅是大蒜被镀了金，土豆价格也出现了很大的上涨，其价格竟然追赶上了鸡蛋。此外，绿豆也因为有解毒的功效，同样成为了追赶潮流的“弄潮儿”。更为出奇的是黑豆，在往年里也就卖个两三块钱1斤，可是在那一年竟然卖到了17.5元1斤，最贵的甚至达到每斤20元。一时间，很多媒体争相追踪调查，但是连很多经营豆类生意多年的商户也无从知晓。很多人都表示，本来在供货上并没有问题的黑豆、绿豆、红豆，事先并没有什么征兆，只是当他们卖完一批货后打电话再想上货时，却被对方告知涨价了，本来还都在抱怨，可是没过几天又涨价了，有时还会出现暂时缺货的现象，最后豆类的价格就这样涨到了令人咋舌的地步。在各地的批发市场或者超市里，居民们所面对的同样是像豆类商贩们一样的遭遇。因为随着人们生活水平的不断提高，很多人都已经习惯了健康饮食，并且喜欢上了吃一些杂粮食品，所以豆类价格涨了，他们也只能是被迫接受或者减少食用的比例。

此外，2010年6月国家统计局公布的数据显示，粮价同比大幅上涨13.9%，拉动CPI上涨0.43%；蔬菜价格上涨15.6%，拉动CPI上涨0.47%。由此可见，蔬菜价格对CPI的影响已经超过了粮价。与此同时，猪肉的价格在6月份止跌回升之后一路高歌，到2010年年底时涨到18元左右1斤。这种拔高的物价，同样让吃惯了猪肉的老百姓们望“猪肉”兴叹，因为猪肉和红豆、黑豆之类的杂粮不一样，人们可以选择不吃杂粮，而猪肉却是人们最主要的肉食之一，人们的生活已经离不开它。所以猪肉价格的大幅上涨，直接关系到了居民的“胃”。

从2010年大蒜、黑豆和猪肉的价格走势中，可以清楚地看到一个明显的问题：CPI的上涨给人们带来的，远远不仅仅是“傻子都能够从股市里赚到钱”那么简单的事情。2010年5月，国家统计局公布的数据显示，CPI增幅为2.8%，从理论上来讲，与达到通货膨胀的标准还有着0.2%的差距，但实际上对于包括CPI在内所有经济数据，在统计和计算的过程中都会存在着这样或那样的误差，所以这一数据只能作为一个参考。在简单的数据对比中，3%和5%的差别虽然并不是很大，但是如果将这一数据落实到与人们的生活息息相关的实体经济当中，差距就绝不仅仅是大蒜的价格超过了猪肉价格那么简单的事情了，而是直接关系着人们日常的工作和生活了。

这些发生在人们身边的事例，再一次让人们形象地看到了CPI的上升引发的通货膨胀对物价的影响。从另一个角度也可以看出，不管是通货膨胀造成的物价上涨，还是因生产成本所造成的产品价格的被动性上涨，它们背后所透露出来的一系列问题都将另一个经济指标推到了人们的面前——PPI（生产者物价指数）。人们在关注CPI指数的上涨所带来的通货膨胀问题时，不得不同时思考另一个问题，PPI指数对CPI指数有什么影响？PPI的高低反映着每个生产环节中各种价格的水平，比如以前生产一个打火机需要0.3元，加上人工成本，那么人们买一个打火机可能就需要支付0.5元。如果后来每生产一个打火机需要0.8元的成本，买一个打火机的成本至少要提高到0.8元的成本价以上，甚至如果工人劳动成本也相应增加了的话，那么可能消费者就要支付1.5元甚至是更高的价格了。也就是说，代表生产者物价指数的PPI指数的提升，可以推动代表居民消费价格指数的CPI的提升。因为PPI指数的上升同样会推高CPI报数。可以说，PPI和CPI已经成为了一对孪生兄弟，它们所影响的已经不仅仅是一个国家经济的变动和通货膨胀的步伐，而是直接关系到了每个居民的日常生活和工作。越来越多的经济事件的发生，让人们不得不放远了自己的眼光。猪肉和黑豆的价格涨了，工人的待遇也有所提升了，可是到头来不仅辛辛苦苦养猪和种黑豆的农民们没有赚到钱，居住在城市里的居民们同样也面临着很大的生活压力。所以说，PPI与CPI的变动，从大的方面讲，直接影响到了一个国家或地区的经济秩序和格局；从小的方面讲，会影响到每个老百姓的日常生活，并直接关系到他们的幸福指数。

3. 宏观经济调控若不给力，居民心头寒意浓

无论是在哪个国家，作为一个普通的老百姓，不可能孤立地存在于这个社会中，所以国家在宏观调控上所做出的任何一项决策，表面上看起来，可能很多方面都和老百姓的生活没有直接关联，但实际上和人们的工作与生活是密切相关的。如果宏观经济政策给力的话，那么老百姓就会得到不同程度的收益，从而生活得比较幸福；反之，如果宏观经济政策不给力，人们往往就会觉得心头寒意浓浓。从另一个角度看，就会形成这样一种现象：当宏观经济政策给力时，感觉到幸福的老百姓们就会勤劳地工作，不仅自己会从中得到收益，并且还能够做出很多超越工作本身的额外产值，从而推动和加快国家经济的发展。相反，当宏观经济政策无法刺激人们的工作热情时，人们心头不仅会感受到阵阵寒意，同时工作和生活的态度也会发生某种转变——失去了工作的热情。即使是做一份相同的工作，其所获得的收益和工作上所作出的贡献也会大打折扣，从

而形成了像“麦田怪圈”式的现象：人们都在勤劳地工作着，可是生活得却并不幸福。

无论是在资本主义国家还是在社会主义国家，经济发展已经成为了全球所有国家的一个共同战略发展目标。所以，宏观经济调控已经成为了现代社会所必不可少的一种手段。

2008年，美国因银行次贷危机而引发了全球性金融危机，这让远在大洋彼岸的中国受到了很大的冲击。作为反映中国经济的晴雨表，首当其冲的自然是股市，然后开始向实体经济蔓延。当时，不论是大中型企业，还是民营的中小型企业，甚至是那些开小门面的普通生意人和普通的工人，都在很大程度上受到了影响，很多企业都出现了资金断裂。

面对市场资金流动性过剩的局面，其实早在2007年央行就采取了逐步收紧银根的政策，接连实施了6次加息政策，通过提高银行利息吸引人们将自己手中的“闲钱”存入到银行里。尽管这种方式在短期内并未收到十分显著的效果，但却不同程度地遏制了社会上流动性资金的进一步扩大化。因为在当时，由于经济过热导致了货币环境过于宽松，特别是贷款的增长势头过于强劲，在南方各个省，竟然出现了很多以贷款的形式将钱从银行贷出来，流入到股市、楼市的情况，从而加剧了股市和楼市里的泡沫。所以，加息虽然不是收紧民间流动性资金的最有效办法，但仍然起到了一定的积极作用。因此，对于金融危机爆发前的2007年来说，普通老百姓的日子是相对殷实、幸福的。

但与此同时，有一部分人却感觉到了某种压力，那就是贷款买房者。由于银行加息，使得原本贷款需还15万的房子可能要还到18万了。于是当时很多贷款购房者几乎都将自己手中的闲钱拿出来提前还贷了。所以，相对于很多有房者而言，那些贷款买房者在那一年是勤劳而不幸福的。很多人在那一年都工作得十分辛苦，有的甚至在工作之余做起了兼职，目的就是希望尽早还清房贷。

其实生活往往就是这样，几多欢喜几多愁，虽然加息给老百姓带来了相对多的益处，但对于那些企业来讲，银根的缩紧则使企业的现金流开始出现了紧张，很多企业不得不缩减开支，甚至出现了裁员。特别是那些房地产企业，不得不降价，大批卖出现房以获得充足的现金流。如果不是后来在2008年9月突然爆发的席卷全球的金融危机的话，中国的房地产价格在当年就会出现更大级别的降温。

面对突如其来的金融危机的爆发，政府做出的宏观经济调控政策也是十分及时的。当时，金融危机的爆发点是2008年9月15日美国雷曼兄弟公司宣布破产。也恰恰是在这一天，中国央行宣布自2008年9月16日起实施下调一年期人民币贷款基准利率0.27个百分点的决定。这也就意味着，在历经了2007年国民经济快速发展的阶段之后，收紧银根的举措也收到了一定的作用，而从上到下的一系列经济运行指标显示，民间的流动性资本过于收紧后，已经开始成为了制约经济稳步向前发展的拦路虎。所以，为了鼓励人们把手中的钱拿出来消费或是投资，借以刺激时下逐渐低迷的市场，所以央行做出了降息的决定。然而，作为当时的老百姓而言，股市从8月12日一路下跌之后，已经挫伤了很多投资者的信心，所以当时央行适度宽松的货币政策并没有得到多大的反响，反而在经历了股市、楼市的低迷之后，很多人更宁愿将钱留在银行以求稳妥。面对这种情况，央行不得不在10月再次接连两次做出了降息的举动，在其后的11月更是做出了下调金融机构一年期人民币存贷款基准利率各1.08个基点的最大降息决定。

和加息相比，降息的目的是通过政策导向鼓励人们将钱从银行里取出去做一些投资，在增加民间资金流动性的过程中，可以刺激各行各业的消费，从而引发新的经济增长点。但对于很多老百姓来讲，2007年民间资本之所以变得很充裕，是源于有超过一亿的普通老百姓看到了股市带来的赚钱效应，所以很多人不惜倾尽所有去投资股票、基金、黄金等。而一旦证券市场出现了低迷，饱受其苦的老百姓们自然再不敢轻易去碰，所以那一时期的人们反而将按部就班的工作和生活视为幸福。而对那些贷款买房者们来说，降息尽管意味着每个月可以少向银行还利息，但是由于通货膨胀带来的压力，人们的收入虽然没有降低，但实际上购买力却变得小了。也就是说，当时很多人都感觉到，好像手里的钱不值钱了，比如本来以前可以买10包方便面的钱，如今却只能买七八包了。实际上，这就是通货膨胀带给人们的切实感受。

所以，尽管央行接连出台降息政策，但收到的效果却并不明显。面对像龙卷风一样席卷而来的“金融海啸”，人们反倒更愿意捂紧自己的钱匣子。而4万亿刺激中国经济发展的计划正是在这样一种背景之下出台的，因为政府已经明显感觉到大通胀时代已经席卷中国，所以必要的经济刺激已经刻不容缓。于是在财政拨下的4万亿支持下，很多行业都有了切身的感受，特别是那些科技含量高、节能的项目，均受到了政策的扶持。与此同时，很多地方政府也给予了中小企业很大的优惠政策，使得国民经济再次得到发展。

其实，加息、降息以及国家以大量资金资助产业的发展，只是调节货币流通数量的一个手段而已，实际上都是政府出于一种对宏观经济的调控的考虑。比如中草药材的价格涨了，民间资本都一窝蜂地拿着钱去炒中药材了，政府就会为了规范市场而采取收紧货币的政策。但是，当发现经济出现衰退时，政府往往就会采取降息政策，一方面鼓励民间资本对市场的投资，另一方面还会从政策引导或中央财政直接对地方或某些产业进行扶持，刺激经济发展。

由此可见，宏观经济调控对稳定国家的经济秩序起着十分重要的作用。它的主要目的就是增长产出率、降低失业率和稳定物价水平。所以，国家在宏观经济上做出的有力举措，可以使老百姓从中受益。这些宏观经济调控能让国家经济秩序稳定、人民健康幸福。

4. 为什么国家富强了，居民却并没有感觉到相应的幸福？

随着改革开放的不断深入，大力发展经济成为了中国经济发展的首要任务，也成为了政府考量一个地方官员政绩的主要标准。在这样一种趋势下，很多地方政府都把发展地方经济当成主要工作，于是招商引资、兴办企业、开拓国际市场、打造最适宜的投资环境等成为了各地方政府建设新城市的目标。然而，在这股席卷全国的经济发展大潮中，那些生活在新城市、新农村的人们，却渐渐生发出了一种奇怪的感觉，为什么国家的经济发展了，国内生产总值保持着较高的增长，中小企业保持着不小于30%的持续高增长态势，可是生活在如此一天天越来越富强的国家的人们还没感觉到足够的幸福呢？

德国统计学家恩格尔在19世纪时根据统计资料，在对消费结构的变化进行研究时发现了一个规律：如果一个家庭的收入越少，那么在这个家庭里用于购买食品的支出就会占很大的比重。换句话讲，也就意味着这个家庭在其他方面的消费支出所占的比例就要缩减，因为整个家庭的收入总和是没有发生变化的；与此相反，如果一个家庭的收入越多的话，那么在这个家庭里用于购买食品的支出所占的比例就会变小，在其他方面的支出就会增多。而如果一个家庭的收入在不断增加，那么用于购买食品的支出所占的比重就会相应减少。国家也是同样的道理，一个国家越贫穷，那么在每一个国民的平均收入中用于购买食品的支出所占据的比重就会越大；相反，一个国家的国力越强盛，那么每一个国民的人均收入在购买食品时的支出所占据的比重就会越小。这就是所谓的“恩格尔系数”，它不仅仅被适用于食品中，同样适用于其他如衣着、住房、生活日用品等支出，成为很多国家所通用的一种衡量国家或地区的居民生活水平高低的标准。

在衡量时，很多国家通常会以人们购买食品为标准来计算，而联合国粮农组织也为这一测量设定了一个标准：如果某一国家或地区的恩格尔系数在60%以上，就被视为贫穷；在50%~59%被视为温饱；在40%~49%被视为小康；在30%~39%被视为富裕；在30%以下则被认为是最富裕的。按照这个标准来看中国，中国城镇居民生活的恩格尔系数是；1995年50%；1999年下降到了42%；2000年下降到40%；在2002年~2009年期间，下降幅度开始减少，基本维持在37%左右。

从这份统计中可以看出，从1993年开始，中国逐渐解决了温饱问题，从1999年的小康到2008年的富裕用了8年时间。事实上，人们过的生活真的有那么富裕吗？如果是富裕，那么富裕和幸福的生活又是什么样子呢？这个问题其实根本不需要回答。在2012年中国最幸福的城市评比中，合肥一举击败所有对手，成为了中国最幸福的城市。然而，记者在随后展开的调查采访中却发现，很多合肥市民不但没最幸福的感觉，反而抱怨起合肥的交通状况和城市排水能力，让他们感觉幸福的就是没有像一线城市那样有着很大的工作压力。合肥市民的回答是很多省会城市所共同面临的一种状况，很多合肥市民会有一种“被幸福”的感觉。

和位列幸福城市之一的合肥市民一样，那些代表着各项经济指标的数据，如GDP、CP1、PPI等，尽管一串串数字都在向人们显示着，国家一年比一年富强了，但实际上为什么居民们反倒并没有感觉到相应的幸福呢？道理其实很简单，国家公布的这些经济数据，实际上仅仅是宏观经济上的一个数据，也就是国民经济的总体活动，反映的是整个国民经济的运行轨迹，比如总需求与总供给、国民经济的总值和增长速度等。而老百姓们所看的往往是局限于某一地区甚至是某一个团体的微观上的经济发展状况，也就是单个经济单位的经济活动，比如一个企业、经营单位，甚至仅仅是城市的一个区。这好比一个大蛋糕需要切成10块分给10个人吃，因为每个人在切蛋糕时都不可能用尺子去量完尺寸再去切，一刀刀切下，最后有可能会只切了9块，也有可能会切出了11块，并且切出来的每一块蛋糕的大小也不尽相同。推而广之，南方发达地区富裕了，那么北方内陆地区就可能会相对落后一些。总之，只要国家富强了，人们都会陆陆续续因为不断富裕而感到幸福。

5. 工作没安全感，生活就没幸福感

通常情况下，人们都会根据GDP的变化来衡量一个国家的人们是否会生活得幸福。但实际上，作为国内生产总值的GDP数据的变化，对于那些老百姓来说，在很多时候感受得并不一定深切，反而是对另一个经济数据——居民消费价格指数很关心，其实绝大多数人只不过是因为这些经济数据经常出现在媒体习惯了、适应了。如果深究起来，人们并没感觉到像那些经济数据所反映出来的那种幸福。这是因为，无论数据如何显示出中国经济如何越来越强大，发展得如何快，老百姓们的反应却往往是无法真切感受到的，他们多数只能深刻地感觉到，现在钱挣得的确是多了，但却买不回什么东西。特别是那些生活在一线城市的人们，买一间属于自己的房子几乎是成了他们一生中无法实现的梦。自己手中的钱与物价之间存在着极大的不对称性，通货膨胀离人们生活越来越近。只不过当通货膨胀来临之时，人们显得有些麻木和迟钝，以至于形成了民间对通货

膨胀的感受与官方统计的数据之间产生了很大的不对称性和距离感。

比如在2012年，国家统计局公布的CPI数据显示，居民消费价格指数同比上涨了2.2%，其中城市上涨2.2%，农村上涨2.0%；食品价格上涨3.8%，非食品价格上涨1.4%；消费品价格上涨2.3%，服务性项目价格上涨1.9%。全国居民消费价格总水平比2011年同期上涨3.3%。如果仅仅是从这份统计数字中看，似乎给人一种感觉：在2012年上半年中，人们的消费水平一直呈现出一种上涨的趋势，但是实际上呢？如果再结合2012年6月国家统计局公布的PPI数据来看，全国工业生产者出厂价格同比下降2.1%，环比下降0.7%。工业生产者购进价格同比下降2.5%，环比下降0.8%。在2012年上半年，工业生产者出厂价格同比下降0.6%，工业生产者购进价格同比下降0.3%。

显然，从宏观经济上来讲，国民生产总值在逐年上升，国家富强了，生活在这个国家的人们也应当是富强了，因为居民的整体消费水平一直有所提高；而工业生产者出厂价格的下降也就意味着，工业产品的价格比以前更便宜了，但是这并不等于所有的产品都出现了成本下降。比如6月份的生活资料价格却同比上涨了0.7%，其中，食品价格上涨了1.3%，衣着价格上涨的幅度最大，达到了2.1%，而一般的日用品价格只上涨了0.9%。所有这些上涨的产品都是和人们的日常生活密不可分的。通俗地讲，工业生产者出厂价格的下降，说明国家在工业方面收入有所提升。而食品、衣着和日用品出厂价格的上涨，表明全国的老百姓花费在吃、穿和日用品上花费的钱比以前多了。但是，一个不容忽视的问题，就是居民的实际收入。因为无论是个人还是家庭，收入直接影响着居民的支出，也直接影响着每个人甚至每个家庭是否能够幸福。每个人都是通过自己的劳动获得收入，而一旦收入无法支付消费，那么人们就会对自己的工作失去信心。因为当工作所获得的报酬无法支付必要的生活支出时，一个人自然就会没有了安全感，所以这样的生活也就无所谓幸福了。

居民的幸福与国民生产总值有关，因为只有国家富裕了，人民才能富裕。但在通货膨胀时代里，人们的收入与支出是否能够保持一种健康的平衡往往影响到人们的幸福指数。通常情况下，人们对于物价的上涨往往更为敏感些，而对于物价的下跌却经常会视而不见。比如2012年7月，央视财经频道的记者曾特意到广州市滨江大道做过一个调查。一家酒楼的老板在2011年6月份盘下酒楼经营了一年的时间后，明显感觉到发生了很大变化。刚刚来时，都是按着当时的标准去经营的，但是一年后情况却发生了明显的不同。首先是从7月初开始房租上涨了15%，员工工资上涨了40%，还有水电费、管理费和燃气费等平均上涨了有15%。然而，这些硬性的生产成本却很难转嫁到消费者的身上，因为一旦哪家酒楼首先涨价了，那么就会因此而流失掉很多新老顾客。即使是在4月份肉鱼蛋类和蔬菜价格上涨了接近15%的情况下，他们酒楼也没有因此而提高价格，只不过是牛肉价格上涨了近50%后才对一些肉类菜进行了一些微调。附近的很多餐馆之所以倒闭就是因为成本上涨的幅度太大了，特别是一些人为因素导致的某些单一原材料的上涨，更是让这些餐馆的老板们叫苦不迭，以至于这家在外人看来上下各200多平米的二层酒楼看似生意不错，但实际上却远非外人所想象的那样好。看起来酒楼的生意很好，食客们很多，但实际上很多人的消费并不高，多数都是点几个经济实惠些的菜简单吃个便饭。所以酒楼能够维持下来对于老板而言就已经很不错了。

对于每个人来说，尽管他们不会像餐馆老板那样感觉到生意上没有安全感，说不清什么时候酒楼可能就会不得不关门，但是物价和生产成本的上涨同样会让他们感受到越来越大的压力。仅仅以2012年6月到7月这一个月的数据来看，CPI环比增长了0.1%，其中仅蔬菜价格就上涨了8%，食品价格上涨了2.4%。而当月的PPI数据却显示下跌了2.9%。代表居民消费价格指数的CPI在7月份显示比6月份上涨了0.1%，说明消费者的支出增加了，代表生产者物价指数的PPI却较6月份下跌了2.9%。一边是生产的产品出厂价格在下跌，另一边人们的消费水平却在环比提高，按理说是人们的生活水平提高了。因为只有收入提高了，人们才有能力去购物。但实际上是粮油、食品和蔬菜的价格上涨，导致了居民价格指数的上涨？

粮油、食品和蔬菜，可以说是人们生活的必须支出，所以即使是再贵，人们也不得不去购买。因为它们不比汽车，汽车贵了，人们可以选择暂时不买，换乘公共交通，但粮油、食品和蔬菜是人们生存所必不可少的。所以，它们的上涨给老百姓们的感受是最为深切的。因此，对老百姓们造成压力，让老百姓感到不幸福的罪魁祸首其实并不是人们所讲的高高在上的房子价格，而是粮油、食品和蔬菜的价格。因为房子对于每一个人和家庭来说，基本上买一套就可以过一辈子了，年轻者甚至可以选择租房住，所以真正影响到人们生活是否幸福的因素往往不是房子，而是日常生活中的柴米油盐酱醋茶等商品的价格走势。

另外，理财观念上的不安全感，也一定程度上影响到中国人的幸福指数。比如在美国，很多老人死去后，他们的户头上往往都是不足1万美金的存款，和中国人在观念上有着很大的不同。与西方国家的消费观念相比，中国人更为注重面子，往往都是那种传统的观念：买新房、新车。而在很多时候，中国人买东西时，往往是把钱投到实物上，比如农村出来的打工者，挣了钱往往是拿回老家翻盖新房。而西方人，喜欢把钱投到那些可以为他们带来稳定收入的方面。

这些中西方人们在理财观念上的不同，也使得很多中国人把他们所从事的工作看作了自己获得收入的最主要来源。所以一旦出现如通货膨胀等问题时，中国人往往就会在支出上出现赤字压力，从而失去安全感。面对沉重的物价压力，自然也就失去了生活的幸福感了。

第六章

自尊、自信、自爱、自强，拼成了“孤胆英雄”

要想得到幸福，必须找到对传统文化的认同感，因为对传统文化的认同，就是对身边每一个国人的认同，反之则会遭到国人的唾弃。西方文化当然也有其优秀的部分，但是我们在面对西方文化时，必须以传统文化为主体，用审视和警觉的态度来面对，然后对有营养的部分加以吸收，使之成为中华文化的新鲜血液，最终为实现中华的伟大复兴而努力。对于传统文化的认同，当然也是对我国历史上英雄人物的解读，在了解了他们的崇高思想和伟大行为后，身为古代先贤的后人，我们自然也可以得到一丝激励和自豪。

相反，如果我们只是一味地接受西方文化，则永远只能在精神和心理层面寄人篱下，工作生活中也会对西方文化仰承鼻息。中华文明5000年源远流长且一脉相承，是世界上任何一支文明都无法比拟的。在我国的历史长河中，也涌现出了无数可歌可泣的故事，以及让我们肃然起敬的英雄。我们曾经长期是世界上最强大的国家，无数异族对我们进行侵略、屠杀和毁灭，但是中国毕竟还是中国，中国人毕竟还是中国人。只要我们谨记这一点，不断强化属于中国人的优秀属性，自豪感自然就会油然而生。如果自豪感有了，身为一个中国人的幸福感自然也会随之而来，并取之不尽。

1. 为什么古代的皇帝都自称“孤家寡人”？

我国古代社会有着非常森严的等级制度，生活在古代的人们，如果违反了这些制度，其后果可能会很严重，有时甚至会落得杀头的下场。其中，统治者对于自己的称呼同样严苛，为了与自己的臣民相区分，各个朝代的统治者都会为自己设定独特的称谓，孤家寡人就是其中的代表称呼。周朝时期，天子通常称自己为“予”一人，表示自己身份的崇高和独特，后世的第一人称“予”即来源于此。到了东周时期，也就是我国历史上的春秋战国时期，周王朝实际控制的区域已经非常狭小，面积仅仅能够和一些弱小的诸侯国相比，但周天子仍然是名义上的统治者。这一时期，我国社会的实际统治者为各国诸侯，统称为“公”（如齐桓公、楚庄公等），而这些人的自称就是“孤”或者“寡人”。

从心理层面来讲，统治者对于自己的称呼，也从侧面表明了其自尊心的存在。正所谓“天下之大莫非王土，率土之滨莫非王臣”，统治者自称为天子，各方面的欲求都已经到达了极限，称呼自然也要与众不同。纵观整个历史，多少人为了称孤道寡而奋力搏杀，大浪淘沙之下，几家欢喜几家愁，胜者为王败者为寇，所有时代人物在征战的最后，也就是满足自己的自尊心。即使在同一朝代，在深宫大院之内，一个皇帝的众多儿女，为了能够保住自己的既得利益，也会相互倾轧。

秦始皇统一天下之后，为了显示自己崇高的君主地位，他融合“皇”和“帝”二字，称自己为始皇帝。而在秦始皇之前，统治者多被称为“王”，比如周天子当中的周文王和周武王等。为了与芸芸众生相区别，同时也要与前朝过往的统治者不同，秦始皇最终决定不再自称“孤”和“寡人”，同时禁止百姓使用第一人称“朕”，而将其改为皇帝专用。秦始皇不仅开辟了我国历史上第一个大一统时期，同时也为后世留下了很多第一，比如“朕”这个皇帝本人专用的第一人称，就一直沿用到了清朝末年，即我国历史上最后一名皇帝溥仪。如果单纯从这一点出发进行考虑，秦始皇也许真的可以称为万世万代、万子万孙的“始皇帝”。

在很多人看来，称孤道寡应该是统治者对于自身崇高地位的优越感，他们高高在上，没有人可以与他们抗衡，所有臣民都必须服从他们的意志，因此他们是至高无上的。再加上一些君主喜欢为自己打造“伴君如伴虎”的气场，很多臣民在见到皇帝时，都会不由自主地战战兢兢。这样一来，统治者也就不会有真正的可以用于平等交流的对象，即使是自己的爱人和儿女，由于统治天下的思想，皇帝本人也不能对他们真情流露。相反，皇帝却可以对身边的一些太监随意使唤，因为他们不会威胁自己的皇权地位。但实际上，这只是皇帝十分单纯的想法，因为事实证明太监也是可以干涉朝政的，甚至可以把持朝政，比如中国历史上最著名的大太监魏忠贤，权力盛极一时的时候几乎可以享用皇权。

实际上，古代统治者称孤道寡是一种自谦的表现，而且是遵循了国家法制的行为。中国自古就是礼仪之邦，整个国家系统的方方面面都有法可循，因此与其说是礼，不如说是法。孔子提倡“兴于诗，立于礼，成于乐”，礼不仅是国家行为的规章制度，同时也是个人修为的举止尺度。古代的统治者称孤道寡，实际上指的是自己的德行，意思是说“我的德行是有所欠缺的，是需要时刻进修和提高的”，这同时也是对统治者自身的一种警告。但是，真正能做到这一点的统治者，在中国历史上却是凤毛麟角，尤其是在秦始皇之后历代帝王都改称朕，更是完全忽略了统治者应该自持身份，努力提高自身修为的重要性。

其实，作为皇帝称孤道寡的专用名词，“朕”字在我国历史上还有一些特定的使用时机，比如在《尚书·舜典篇》中有文记载“汝作朕虞”，释义为“你做我的山泽管理官员”；《大盂鼎》上也有金文铭刻为“勿废朕令”，释义为“不要废止我的政令”。此外，在屈原的《离骚》中，也有“朕皇考曰伯庸”文，释义为“我的父亲叫做伯庸”。由此我们可以得出结论，“朕”有时还可以理解为“我的”，意义与第一人称“我”是分不开的。因为这一历史时期朕的用法还比较普遍，基本上不论是王公贵族还是平民百姓，包括统治者在内，都有用“朕”作第一人称的情况，所以统治者称孤道寡的意味尚不明显。但我们在上文中也可以看到，用“朕”做第一人称的人基本都是社会上层人士，或者说当时的读书人本身就是贵族阶级，自高自傲是随处可见的。

与此同时，“朕”作为第一人称也常被拥有实权的人使用，而且包括女性在内。比如在《后汉书·和殇帝纪》中就有如下记载：“皇太后诏曰：‘今皇帝以幼年，茕茕在疚，朕且佐助听政。”细心的朋友可能已经看出来了，后世臭名昭著的慈禧，就是遵循了这样的历史惯例，利用“垂帘听政”的方式，对国家政权进行实际控制。但是，无论哪种情况，称孤道寡最为特殊的第一人称专用称谓，都表现出统治者唯我独尊的心理诉求。而且由于身边人的不断阿谀奉承，致使很多统治者根本无法听到民间的声音，做出了的很多不切实际，甚至荒诞不经的行为。

比如清朝皇帝道光，对于明朝的最后一位皇帝崇祯非常崇敬。为了给国家“节省”开支，他也决定要穿打补丁的衣服。但是，清朝宫廷的生活是极奢华的，皇帝的衣服又不能给别人穿，基本穿过几天就会扔掉，根本没有旧衣服，更不可能有补丁了。但是，既然皇帝发话了，没有旧衣服，新衣服也要打补丁，于是道光爷就穿着打了补丁的新衣服开始上朝。仰承鼻息的各级官员为了讨好道光，纷纷也穿着打了补丁的衣服去上朝，道光为此还打赏了带头的几个大臣。别的臣子一看，立即纷纷效仿，致使整个清廷的官员如同一群可怜的乞丐，亡国之音如彻在耳。而实际上，由于官员们穿得都是新衣服，打补丁实际上又增加了一层消费，尤其是供道光穿着的龙袍，还要在以往的开销上加一项打补丁的费用，因为给皇帝的龙袍打补丁，需要极高的手艺，普通人自然不能胜任，当然收费也不是普通人可以想象的。而且由于各级官员的效仿，当时还促成了一个专门为官员打补丁的行业，道光为了节省国家开支，结果却事与愿违，反倒增加了国家开支。

众所周知，我国古代一旦某人成为统治者，那么能够约束其行为的将只有其自身的道德。但真正能够管住自己的又有几个人呢？即使像李世民这样公认的开明皇帝，也会在工作时间开小差（逗鸟，被魏征用计憋死），后来还遭到魏征的激烈言辞抨击，要不是长孙皇后来的及时，说不定李世民就把魏征给法办了。所以大多数时候，统治者都会过度地相信自己，觉得天下没有人能够挑战他们的权威，而太平盛世中小人总是能够得权得势，并且用尽各种方法麻痹统治者，所以古代君王称孤道寡，实际也是一种历史趋势的必然。

2. 自负之下，圣主乾隆有多圣明？

对我国历史比较了解的人都知道，清乾隆时期是整个清朝历史最兴盛的时期，经过前面康熙和雍正两朝的努力经营，再加上乾隆皇帝励精图治，使乾隆前期成为清朝最兴盛的时期。但是，与此同时，清朝的国运也从乾隆后期开始衰败，这固然有物极必反的规律使然，但是乾隆从自信到超自信，到最终的自负，恐怕也要不可避免地付一些历史责任了。

格罗宁根大学经济学教授，同时也是世界经济增长与研究中心创始人安格斯·麦迪森，曾经在他的著述中公布一组数据，表明直到清道光年间（1821—1851），中国国民生产总值仍然稳居世界第一，而且所占全球国民生产总值的比例远超今天的美国。1820年，中国国民生产总值是欧洲（所有欧洲列强总和）的1.22倍；1890年，中国国民生产总值是日本的5.28倍。但是，在1840年的鸦片战争中，我们还是败给了英国。但是，这次失败也震醒了当时一些尚做着天朝大国梦的清朝官员，李鸿章就是其中的代表人物。鸦片战争之后，他也确实开始痛定思痛，全面建设清朝政府的国防力量。

很多对历史了解不多的人都会说，中国的失败是因为军事上存在短板，事实上并非如此。因为当时的清朝军队完全可以与英国匹敌，至少在陆军上是不存在明显劣势的。首先是清廷在联合列强剿灭太平天国的战斗中，其陆军开始接触“洋枪洋炮”，在随即由李鸿章、张之洞等人为首开展的洋务运动中，清政府开始从西方进口大量先进武器，并开始了大规模的仿造。到19世纪80年代末，英国人设计制造的马梯尼、士乃德，法国的哈乞开司，德国的老毛瑟，以及美国的林明敦和黎意等先进枪支火炮，已经陆续装备到了清军的战斗序列。到19世纪90年代末，清军的部分精锐之师还装备了后膛连发枪支，也就是俗称的“自动式快速突击步枪”，包括奥地利的曼利夏，德国的新毛瑟和中国江南制造局仿造的快利枪等。此外清军在人数上还占有绝对优势。

1871年，清廷开始从德国进口克虏伯钢炮。到1884年，仅李鸿章的淮军就装备了近400门钢炮，而且此时的江南制造总局已经有能力制造快速射击火炮，并能够投入批量生产。此外，由于李鸿章等人已经把目光投向海洋，清廷的海防力量也已经建设得非常强大。自1875年李鸿章出任北洋大臣时开始，他就奉命打造北洋舰队，首先通过总税务司赫德在英国购置了4艘先进战舰，后来又陆续购入镇远、宁远、抚远、经远等当时世界最先进的战舰，当时的中国海军力量，号称世界第六，亚洲第一。然而，在1894年的甲午中日海战中，我们还是败给了日本，并支付了大量的战争赔款，军舰也被日本大量缴获。自此之后，日本国力得以全面发展，直接为后来日本的侵华战争提供了财力支持，使中国八年抗战付出惨重代价，同时也间接助长了日本征服世界的野心，为太平洋国家乃至全世界人民带去了灾祸。

说起罪魁祸首，还要追溯到清朝的乾隆皇帝。18世纪以前，中国和英国可以说是世界的两极，双方各自发展几乎从来没有过任何交集，我们从历史上的零星片段能看到的，也都是经过中亚和西亚的一些阿拉伯国家中转完成的。到18世纪末，英国经过文艺复兴和工业革命由内而外的蜕变，快速成长为现代化工业大国，并且在打败葡萄牙后，牢牢占据了海上霸主的地位。而此时的中国，也在清政府的统治下成为世界上最大的农业文明国家，英国不断的领土扩张，与中国有了交集。而这交集的开始，就是英国皇帝写给乾隆的一封国书，官方理由是为乾隆祝寿，实际的想法是要与我国建交，而送这封国书的使臣就是大家所熟知的马嘎尔尼。

应该说，当时的英国人也被清帝国的繁荣昌盛震慑住了，不要说开战，即使能够和清朝取得平等的国际地位，已经是一种奢求了。因为在英国国王给乾隆的这封国书中，措辞、语气都非常谨慎恭谦，唯恐说错了一句话，其谄媚阿谀的话语甚至比“奴隶”有过之而无不及。后来查明，因为中间存在翻译问题，清廷的官员在其中做了很多手脚，基本上只挑乾隆喜欢的翻译，人家的客气他们翻译成谄媚，人家普通叙述他们翻译成客气，而对于人家不客气的语句，他们干脆不翻译。乾隆虽然学识也不错，但根本不懂英文，加上又被官员捧得云里雾里，也就听信了此事，最终对整个中华民族造成了严重的后果。

为了表示建交诚意，马嘎尔尼拿来了英国当时最先进，同时也是英国人引以为豪的战船（模型），并当面呈现给乾隆。乾隆倒是对战舰很感兴趣，但是说到底，他也只当那是个礼物，甚至当成了个玩具，从来没有想过这东西会开进港口，威胁他的江山统治。在随后的交谈中，当马嘎尔尼提出“互通有无”的请求后，乾隆居然认为对方是在和他要好处（之前的日本、朝鲜、越南等传统番邦也确实是这样做的），他表示天朝物产丰富，不必互通，如果需要什么会赐给他们，并最终制定了“加恩西洋，抚育四夷”的政治策略。

其实，以乾隆的聪明机智，应该不难发现眼前这个使者的不同。因为在此之前，那些外国使者（主要是亚洲的一些国家使者）觐见，都是行跪拜礼的，但是马嘎尔尼却死活不肯，最终双方都做出妥协，马嘎尔尼行了单膝跪拜，这也是乾隆有生以来见到的第一个不向他双膝跪拜并口头请安的“臣子”。但是，乾隆已经被长期的崇高地位和众臣子的吹捧冲昏了头脑，认为英国和其他一些亚洲小国没什么区别。殊不知，此时的英国已经完成了对印度的殖民统治，如果不是看到清朝的强盛，很可能舰艇已经开过来了。

皇帝尚且如此，更何况清廷的大臣了。因为英国人除了舰艇之外，大炮也是巨大工业成就之一，所以马嘎尔尼也带了一门献给乾隆。但是，由于大炮太过笨重，如果不发射炮弹根本看不出有什么稀奇，所以马嘎尔尼要求试射表演一下。而乾隆基本把马嘎尔尼当成了一个马戏团的演员，直接把这一请求给推掉了。这个时候，按照规定应该是由福康安出席观摩的，因为他此时的官职是武英殿大学士兼军机大臣，属于国家军政二把手。但是，当礼部官员来请他的时候，福康安不耐烦地表示，“看亦可，不看亦可，谅来没什么稀罕。”也就是说，福康安虽然没有把马嘎尔尼当成马戏团演员，但是也根本没有把他放在眼里。而马嘎尔尼带来的蒸汽机、榴弹炮、迫击炮、卡宾枪、连发步枪、手枪以及英国当时最先进的战舰模型（有舰炮配置）等物品，也都一股脑被放进了圆明园的展览柜里，成了名副其实的观光物品，并一躺就是数十年。如此一来，清廷和英国建交的大门就被彻底关闭了，而中国和世界正常接轨的机会也完全失去了。

其实，因为自负而丢了江山的皇帝比比皆是。有专家称，如果崇祯皇帝答应皇太极的议和条件，先平定了李自成内乱再去打皇太极，完全是可以重新收拾起明朝江山的。可惜，崇祯没有这样做，最终做了亡国之君，而更可惜的是，乾隆这位极其推崇明朝，同时也很敬重崇祯的清朝皇帝，并没有吸取其亡国教训。后来，英法联军打进北京后，曾经洗劫圆明园，当他们看到这些熟悉又陌生的展品时，无一不惊讶得目瞪口呆。因为，如果这些东西得到清政府的足够重视，并将其应用于工业和国防建设，欧洲列强绝不可能如此轻易踢开中国的大门，甚至整个人类的历史都将重新书写。

事实上，英国和中国的接触在更早的康熙年间就已经开始了。比如，我们在影视作品中经常见到的汤若望（孝庄为康熙选定的帝师之一），就是英国人，他已经将西方最先进的各种理论知识带到了中国。翻开史料，我们可以看到康熙曾经在一次治水过程中参与策划，并与负责官员谈及水流量的问题，搞得负责官员满头雾水，后来解释清楚才知道，那是非常先进的治理方法。但是，由于学艺不精，康熙本人也不知道具体该怎么实施，而除了康熙之外的满族贵胄都终日养花种草，斗狗遛鸟，这些先进的知识也就更加无人问津了。据史料记载，康熙未曾亲政时期，每天下朝之后都要回到后宫做功课，其中一项就包括使用手摇式计算机进行各种复杂方程式计算。但是，由于清朝统治者过于自负，完全将这些东西当成一种业余事务，相当于是让康熙做课间休息，康熙在对这些知识产生兴趣后，甚至被孝庄认为是不务正业，搞旁门左道，并严厉训斥了负责官员，致使这些知识从来没有流传出去，最终导致中国失去了和英国等列强同步发展的历史机会。

3. 时刻谨记，自信和自负只在一念之间

我们在现实生活中到处都会遇到选择，大到一个国家、一个民族的命运，小到吃什么食物或者穿什么衣服。但是，无论什么样的选择，都无不透露出一个人对自己的潜在判断，即自信或者自负。其实，关于自信和自负的争论由来已久，唯一一个达成共识的是大部分对于自己的判断，实际上都会存在一定的误差，而且是过高方向的误差。以上路驾车行驶的司机为例，一项相关调查数据表明，80%的司机都认为自己的驾驶技术是出类拔萃的，甚至包括一些新手，这当然是一种错误的判断，其中很多都是自负的表现。

我国IT界风云人物史玉柱曾经应邀出席一个学术论坛，当记者询问他成功秘诀的时候，他淡淡地回答记者说：“自信。”作为互联网浪潮中的弄潮儿，史玉柱算是一个比较成功的商人了。纵观其商海生涯，自信确实一直表现在他的身上。但是，当记者询问史玉柱带给他困扰最大的问题时，史玉柱苦

笑了一下，说：“过于自信。”过于自信，也就是自负，人们之所以无法给自负下一个准确的定义，实际上是无法判定自信和自负的界限。那么，究竟自信和自负有什么区别呢？笼统地讲，自信的人善于听取别人的意见，即使别人不表示意见，他也会主动询问。在与人交流的过程中，自信的人会注重互动，不会单方面地输出自己的意识，更不会把自己的要求强加给别人。而自负就是根本不听别人意见，认为自己的想法永远都是最正确的，行为者习惯粗暴地打断别人讲话，并且时常伴随着激烈的语调。

其实，我们仅从自信和自负这两个词本身来看，就已经可以基本分清它们的差别了，因为自信是自己给自己的评价，而自负则是别人给自己的评价。因此，能够在行事时与人保持良好沟通，得到别人的理解甚至肯定，也是界定自信和自负的一个重要因素。比如我们常在一些媒体上看到有些公众人物口出狂言，便认为他们是自负的人，但是他们却能够一如既往地延续其自负表现，其主要原因就是他们有自己的支持者。在支持者眼中，他们的言行是自信的表现，而有了支持者的肯定后，他们也会认为自己的言行是自信的表现。所以，我们可以从比较简单的角度出发，认为自信表现出来就是自负，自负隐藏得好也可以成为自信。

秦始皇是我国历史上的知名人物，他所创造的丰功伟绩直到今天仍然惠泽中华儿女，其青年时期的励精图治也值得每个人学习。在当时的中国社会，诸侯国虽然兵争不止，但是大的政治格局始终没有变化——统治者高高在上，作威作福，黎民百姓却要无辜地承受战火的摧残。虽然历代秦国国君都以统一天下为己任，但是最终这个目标由秦始皇完成了，这就不得不说他的才德是当时超凡脱俗的。比如在灭楚的战争中，先是由年轻气盛的李信（李广的祖先）和蒙武（蒙恬和蒙毅的父亲）带领20万秦军前去，结果被打了个丢盔弃甲，大败而回。秦始皇心知灭楚非王翦不成，于是亲自登门谢罪，表示自己当初应该听取王翦的意见。但是，王翦却称自己有病，死活不出山，后来秦始皇放下皇帝架子一再恳求，王翦才在提了诸多条件后勉强出山，灭楚战争也最终由王翦完成。

但是，到了晚年之后，秦始皇却偏信术士，荒废了国家政治不说，还一边花费大量人力物力寻找仙药，妄图长生不老，一边修建地宫，以备自己死后仍然保持君临天下。这直接导致的后果就是秦朝江山传到二世胡亥手中即告灭亡，秦始皇万世万岁的愿望也随之飞灰湮灭。而且在此期间，由于秦始皇的自负程度与日俱增，欲求也随着年龄增长越来越高涨，对于天下子民来说，他已经从一个救世主的角色，变成了一个恶魔。如果说修筑长城是国防所需，那么修筑包括阿房宫、骊山陵寝、地宫和烧制兵马俑等工程，就纯属耗损民力了。

众所周知，自信心是每个人行动力的主要组成部分，如果一个人做事连自信都没有，那么成功的几率也会大打折扣。拥有自信心的人，会在生活和工作中充满正能量，不仅可以轻松乐观地面对自己遇到的每一件事，还能把阳光带给每一个与之接触的人，成为一个温暖的人。但是，就事实而言，自信和自负并没有一个明显的界限。很多人就在不知不觉中由自信变成了自负，尽管很多时候行为者本身并没有发生变化，仅仅是面临的环境和身边的人发生了变化，但是如果不能时刻保持警醒，行为者成为一个自负的人会成为必然结果。

2011年，国美电器前老总黄光裕被判处14年有期徒刑并罚款6亿元人民币，宣告着一个时代商界骄子的陨落。而这个看似突然的事件，也让黄光裕精明强干的正面形象一下子变为负面形象，其中的变化过程显然不是在短时间内完成的。曾几何时，黄光裕作为新时代的创业代表，从一个行业先锋迅速蜕变成为行业精英，一帆风顺的商业道路发展逐渐让他觉得自己是无所不能的，甚至是上天赐予了他超凡的能力和命运。在这种情况下，黄光裕为了加快自己的商业帝国建设，开始思考并运用一些旁门左道为他的商业活动鸣锣开道。由于这一时期黄光裕的商业之路仍然十分顺畅，导致他的自负心理进一步膨胀，居然妄图得到更多非法利益。正所谓“多行不义必自毙”，在个人操守、行业规则、社会公德、民心向背，甚至国家法律都对黄光裕的行为失去约束力后，黄光裕就如同坐在一辆失控的马车上，最后的覆灭也就可想而知了。

普利策新闻奖得主约瑟夫·哈里南在他的《错觉》一书中提到：“99%的人犯错，都是因为过于自信，而过于自信又往往要拜以往的自信所赐。”不得不说，行为人一旦陷入自负，就会对客观事物失去准确的判断力，而且这种失判首先就是对于自己的能力的判断。自负的人会觉得自己所做的事情非常有把握，即使是其中可能存在变化的因素，自己也完全有能力控制。但实际上，任何事物都处于变化中，而所谓变化就是我们作为人所不能控制的部分，同时也应该是我们怀有敬畏甚至是恐惧之心的对象，所以从某种程度上来说，在任何情况下行为人的成功几率都不可能达到100%。俗话说：最大的忧患，就是没有忧患。自负正是让我们放松警惕，丧失忧患意识的一剂麻药。

从心理学的角度来讲，人类最宝贵的身体组成部分大脑，其本身具有一种天然的意愿，即想要获得更多的信息，这也是人类始终不断思索和前进的原因。但是，大脑的这种天然意愿，却并不具有甄别功能，也就是说我们会不自主地去采集更多的信息，以保障自己的心理安全感，但是并不会在意获取的信息对于自己的实际需要是否有益。这就必然会导致一个结果——我们获得的信息量越多，自己的信心就会充足，而实际上我们获得的信息量对于我们做某项具体事务的帮助却很可能为零。也就是说，我们的大脑会天然地把我们的判断力带入一个误区，甚至让我们产生错觉。很多人在回首自己所犯的错误时，发现自己错得那么离谱，那么天真，那么不可思议。其实，只要自己当初稍微改变一点，也不至于犯下错误，至少不会错得如此荒唐。

所谓“一叶障目”，说的就是由自负心理带来的这种判断失误。科学数据表明，人类瞬间记忆的能力是有限的，也就是说，我们处理事务的能力是有限的。但是，有些人偏偏不愿意承认这一点，总会产生“我就不信”的想法，有时候可能取得胜利，但这违背了事物的正常运转规律。而且我们的祖先早已留下训诫“满招损，谦受益”，即一个人在变得自负之后，就会失去谦虚和敬畏的心态，从而导致失去继续学习的意愿，而不学习就不会有进步，久而久之，即使一时取得了优势，在不进则退的发展原则下，最终也难免遭遇被淘汰的命运。同时，自负还会产生一种排他的心理取向，即对自己不认同的信息会一概拒绝接受。殊不知，这些信息有时候反而会给我们最大的帮助。

古语有云：人外有人，天外有天。即使在某些方面不如我们的人，我们也应该抱定“尺有所短，寸有所长”的心态，不能一概而就，为自负心理的产生缔造温床。而克服自负心理最好的做法，就是尽量对任何人和任何事怀着谦敬之心，对于自己所要承担的后果也要抱有适度的忧患意识，尽量保证多思少做，多学少说，最终做到有备无患。

4. 戒除自卑心理，生活才可以更美好

在大多数情况下，物质生活富裕的人会比较容易战胜自卑心理，相对来讲，物质生活匮乏的人在战胜自卑心理时会遇到较大的麻烦。如果物质生活匮乏的人追求的目标恰恰是物质生活，那么自卑心理很可能会在他的心里生根发芽。当然，物质生活的基本部分也是我们生存的必需品，每个人都有追求的权力和自由，但是这里面存在一个动态的尺度问题。由于人们自身欲望的天然驱动，这种尺度的失当很可能会让人陷入无法自拔的物质陷阱，最终会不可避免地被自卑心理所笼罩。

一个人如果产生自卑心理，其行为上的负面表现是显而易见的，并对于接下来的人生也会产生深远的负面影响。德国著名哲学家黑格尔曾说过：“自卑和懈怠是一对孪生兄弟。”也就是说，人们在产生自卑心理之后，最显著的表现就是会对眼前的事物采取消极心态。众所周知，在战争过程中，最重要的取胜因素就是士气。气势如虹，军队就将无往不胜；但是如果

士气衰败，那么失败的结局就已经注定。我们每个人在面对自己的人生时同样如此，一个人是积极努力还是消极怠工，对于结果的好坏是不言而喻的。也就是说，一个人即使才智平平，只要他积极乐观，努力经营，长久的积累还是可以让他取得一定的成功；但是，如果一个人能力超凡，却被自卑的阴影笼罩，成功也不会眷顾他。从心理感受的层面来讲，一个自卑的人必定是苦闷的，甚至是沉默寡言与世隔绝的，这样又有何快乐可言？而一个没有被自卑心理笼罩的人，则会是乐观向上的，就算没有取得大的成绩，也可以把快乐传递给身边的每一个人。

自卑心理会让人变得过于敏感、锱铢必较，往往别人的一句无心之言，也会让他反复琢磨，而一旦对方触及行为人的敏感之处，他们就可能进行言语甚至肢体还击。可以想象，正常的人是无法接纳这种人的，所以自卑心理严重的人基本都形单影只，很少会有朋友。这样的境遇显然是比较阴郁的，自然也会让自卑者遇到任何事情都会往消极的方向考虑，即使再怎么美好的事物，在他们眼中，其美好的程度都会大打折扣。而自卑心理的人为了能够更好地进行自我保护，也会习惯性地把自己封闭起来，久而久之，就会跟社会脱节，渐渐地就会对事物失去兴趣。一个对世间万物都不感兴趣的人，自然会孤芳自赏，甚至顾影自怜，觉得自己是全世界最不幸的人，如果情况发展到极致，很可能会出现轻生的念头。

另外，自卑心理对于我们的身体健康状态也会产生负面影响，而且因为病症是长期的心理苦闷积压，所以也会比较严重。通常来讲，我们的生命是由心理和生理两部分组成的，但是这两部分事实上并非独立存在，而是有着千丝万缕的内在联系。简单来讲，当我们的身体被病痛困扰的时候，情绪会非常低落。同理，当我们的心理处于长期的自卑状态时，身体的各项功能也会处于高负荷的运转状态，尤其是一些和情绪密切相关的内分泌系统，会承受正常状态下数倍的工作压力。而这些系统同时担负着身体各个方面的调节功能，长此以往，行为者的身体必定会出现大面积的病状。而且这里同样存在着一个恶性循环，即如果行为者不能有效调节自己的心理状态，那么自卑的心理会对身体产生负面影响，而糟糕的身体也会让自卑心理进一步加强，最终导致整个人生都是灰蒙蒙的一片。

2004年，云南大学发生了一起轰动全国的碎尸案。更让人难以接受的是，作案人马加爵是一名品学兼优的好学生，曾经被评为省级三好学生，而他所杀害的对象，就是和他同宿舍的几名同学。马加爵来自一个农民家庭，聪明懂事，学习成绩非常优异，父母都是憨厚朴实的农民。中学时代由于马加爵的同学都是境遇相同的农村同学，所以他没有什么心理负担，不但和同学们快乐相处，还用优异的学习成绩为父母赢得了无上荣耀。然而到了大学之后，城乡学生之间的天然差距开始影响马加爵，同时也让他产生了严重的自卑心理。

2004年2月13日至15日，失去理智的马加爵先后将欺辱过他的3名同学残忍杀害，并将尸体藏于宿舍后出逃。由于事件影响太大，马加爵的犯罪心理引起了国家有关心理研究部门的注意，并派出专员与马加爵进行了谈话，发现导致其走上不归路的最主要原因，就是进入大学后一直伴随了他4年之久的自卑心理。

从心理学角度来讲，自卑是一种行为受挫后的心理障碍，大多数情况下会随着时间的推移而在无形中化解，尤其是在困难或者问题解决之后，产生的心理障碍也会因此而烟消云散。以一般的应届大学毕业生为例，在初出校门之际，每个人几乎都是一副跃跃欲试的姿态，认为自己学业有成，可以开始开拓一番事业了。但是，大学生找工作其实已经渐渐成为一个社会难题了。如果没有家人的帮助，想要找到一份和自己专业对口的工作，或者是找到一份自己满意的工作，是十分困难的。于是，很多大学生都会不可避免地遭遇挫折。这时候，部分没有社会经验的大学生就会被自卑心理所困扰。因为他们的眼光会自然而然地锁定那些已经取得好工作的同学，然后又不假思索地将自己的困境归结为对方占有更好的资源，这实际上就是陷入自卑的一种心理表现。专家提示，大学生在择业过程中应该保持良好的心态，用长远目光来制定整个人生的职业规划，并且不要怕从最低端、最底层的工作做起，相信“天生我材必有用”，必要时，可以向相关专业人士寻求帮助。

处理相关的心理问题时，我们还应该具有这样的基本认识，严重的自卑心理其实是过度自尊的表现。比如，当某件事刺痛了我们的自尊心时，我们应该知道这件事不过是整个人生中的沧海一粟，和整个人生比起来，它也许根本不值一提。而刺痛我们自尊心的对象也可能是我们根本就不在乎的人，甚至是我们厌恶和痛恨的人，根本不值得对他们产生如此强烈的反应。如此一来，行为人就应该可以看清，如果因为这一件事、一个人而做出了影响自己一生的决定，那么必定是不恰当的。我们应该知道，获得自尊的方法有千万种，而其中最愚蠢的方法就是直接向对方发动攻击。因为这样不但对解决事端没有任何帮助，而且还会加重和激化矛盾，使自己受到更加严重的心理伤害。这里同样需要每个人建立自己强大的精神信仰，明确自己想要达到的人生目标，然后对于那些目标以外的人和事，行为人也就可以就此坦然处之了。

其实，自卑心理和自尊心理有一个最简单的标准，那就是我们的心态是否平和。自尊是一种心胸坦荡的修为，它绝不仅仅是一种寻求自强的心理方法，更是一种寻求内心宁静的精神慰藉。所以，当我们的自尊心被刺痛，并产生强烈的心理反应时，首先应该想到的是对方是否存心想要激怒我们。如果不是，对方很可能是无心之举，完全不必与之计较；如果对方是存心想要激怒我们，以达到羞辱我们自尊心的目的，那我们就更不能发怒了，因为那样不正中对方的下怀，着了对方的道儿了吗？自尊心应该为我们带来阳光、开朗、快乐和幸福，不会因外界的客观人事变化而影响自己的心理活动。而一旦这种情况发生逆转，即自尊心为我们带来了愤怒、激动、痛苦，那么自尊心很可能已经偏离轨道，实际上已经演变成了自卑心理。

5. 传统文化：国人对幸福诉求的契合点

国是由家组成的，家是由人组成的，说到底，人才是一个国家的最基本组成单位。因此，只有每一个国民具有了健康的自信观念，一个国家或者一个民族才能强大起来。纵观世界历史，一个国家和民族如果能够具备足够的自信心与自尊心，那么即使是再小的国家，也可以立于世界民族之林。相反，如果一个国家根本没有自己的信仰，国民思想处于四分五裂的状态，或者非常容易受到别国思想的影响，甚至正受着别国思想的影响，那么即使这个国家再怎么庞大，也不会因此而变得强大。因此，自尊心应该是建立在健康的自信心之上，这是指引和保障一个国家走向真正繁荣富强的根本因素，而这一根本因素的关键所在，就在于自己的文化。

对于中国来说，传统文化从五四运动之后就已经开始退出了主流舞台，并从此一蹶不振，此后资本主义社会所孕育的文化却开始大幅度向中国输入。不可否认的是，西方世界在长久的发展过程中，也孕育出了灿烂的文明，对于整个人类社会的发展进步也作出了巨大的贡献。但同样不可否认的是，世界上任何一个民族在其发展过程中，都创造了自己极具魅力的文化，由于地域、气候、生产方式等因素的不同，这些文化也都具有了非常鲜明的个性特征。进入现代社会之后，由于全球经济的总体发展，各个民族传统的生活生产方式都发生了改变，同时也加强了相互之间的沟通，并促进了各自之间的融合。

然而，这种融合却并非是以文明的方式进行的。19世纪中叶，西方列强在完成了现代化军事武装之后，依靠坚船利炮在我国掠夺走了大量的资源和财富。从根本上来讲，游牧文明的核心是掠夺财富，并遵循优胜劣汰的自然法则，而农耕文明的核心则是创造财富，讲求仁爱互助。这样的两种文明在进行对撞之后，结果是可想而知的——西方列强最终将我们中华民族千百年来辛苦创造的财富洗劫一空，就连与我们为邻的日本也不甘人后，并且举全国之力对中国进行了一次大掠夺。可以说，百年中国近代史，每一页都浸透着中国人的血与泪。

有人说，一个民族是否蓬勃向上、奋发图强，只要看他的民族自尊心和自信心是否强烈。诚然，由于中国幅员辽阔，地域之间本就存在各种文化差异，为外族文化的入侵提供给了天然土壤。抗日战争时期，中国出现了大量汉奸，甚至出现了一整套可以蛊惑人心的，含有系统全面理论基础的汉奸文化。当中国领土大面积沦落到日本侵略者手中后，日本侵略者的统治力量开始出现不足，但是为其提供补充的却是大量的汉奸部队，即日伪军部队。不过，尽管出现了如此多的汉奸，尽管敌寇如此强大，还是有无数中华儿女前赴后继，为了国家和民族利益抛头颅、洒热血，也为我们这些后人保存了一点弥足珍贵的民族自尊心和自信心。

抗战初期，由于日本侵略者在各方面准备都非常充足，日军的侵略恶行进展顺利，并叫嚣在3个月内灭亡中国。当时，日本已经完成了工业化转型，军队的武器装备足以和欧美列强媲美，再加上国民政府的消极抗日路线，先有未放一枪一炮东北三省全境沦陷，后有淞沪会战使国家元气大伤，导致整个防御阵线大溃逃，并直接导致南京的失守和惨绝人寰的南京大屠杀。但是，中国守军凭借坚定意志，先后取得了雁门关大捷、台儿庄大捷、昆仑关大捷，以及武汉和长沙会战的多次重大胜利，并且在整个抗战时期，没有让日本人踏进四川省一步。

到抗战后期，由于中国打通了和西方国家连接的路上交通，得到了英美等国的大量援助，对于中国军民抵抗日军起到了不可忽视的作用。然而，让人想象不到的是，在得到日本偷袭美国珍珠港成功的消息后，国民党军队，居然像过年一样放起了鞭炮，到处呈现一片欢天喜地的气象。原因很简单，美国人要参战了，日本人要扛不住了，所以这一时期国民党军队的抗战几乎都进入了消极阶段，使日军得以全力围剿顽强抵抗的中共领导的敌后抗日根据地。这也难怪鲁迅先生会对此大发雷霆，并对蒋介石政府失望透顶，随即发表了一篇名为《中国人失掉自信力吗》（手稿保存在今国家图书馆，由鲁迅的夫人许广平先生捐赠）的文章，质问蒋介石将国家和民族的自尊心以及自信心放在了哪里。

邓小平先生曾经说："像我们这样的第三世界国家，如果不建立民族的自尊心，不珍视得来不易的国家独立，中国是站不起来的。"2008年，北京奥运会让所有国人为之振奋；汶川地震，全国人民的心在当时跳动在一起；钓鱼岛事件，显示了民众和国家的决心。但是，提起民族的自尊心和自信心，需要国家去做的还有很多，同时需要我们每一个人去做的也还有很多。

时至今日，我国的改革开放已进行了30余年，社会生产力水平显著提高，综合国力也有了大幅提升，包括每一个普通人的生活水平实际上也提高了不少。但是，为什么我们所苦苦期待的幸福指数却迟迟不来？说到底，是因为国家的社会精神文明建设还有待进一步提升，尤其是我们的传统文化没有得到发扬光大，从而导致得不到世界的认可，自豪感自然也是底气不足。

因此，我们要想获得真正的民族自尊心和自信心，应该以西方之术，建立今日之法，学会中华之道。即全力掌握世界前沿科技，不断推陈出新自己的科技文明成果，提高自己的创新能力；然后大胆尝试摸索，开放胸怀，和世界各国建立有效的沟通和交流机制，最终建立一定的法律法规；最后运用中华民族几千年流传下来的超凡智慧，将这些智慧发扬光大，为自己赢得尊重的同时，也为世界各国人民作出贡献。唯有如此，我们才能找到属于自己的文化，找到内心深处对幸福诉求的契合点，成为一个时刻被幸福和自豪感包容的中国人。

6. 历史红尘在目，国人应坚守传统文化

翻开世界各国的文明史，包括世界知名的古印度、古巴比伦和古埃及在内，我们能自豪地发现只有我们的中华文明是一脉相承延续下来的。虽然如今我们依然还能够见到埃及人、印度人和伊拉克人，但是他们所创造的文明早已不再是当初的文明。而那些文明所造就的强大帝国，甚至有一些比我国强大时期还要强盛，但是最终都未能避免灰飞烟灭的结局，只有我们借助文字等历史信息和遗迹，完成了和我们祖先的“交流”，继承和发扬他们的智慧。可以说，我们祖先创造并传承下来的文化是优秀的，同时也是值得我们学习和思考的。

值得庆幸的是，虽然经历了百般磨难，我们的中华文明还是传承了下来。在整个文明链条的传承中，亚圣孟子就是极具代表的一位，他所讲的“富贵不能淫，贫贱不能移，威武不能屈”，成为历代正统国人精英的写照，同时也是各朝代学习修身的目标。另外“舍生而取义者也”，更是为万世知识精英树

立了精神指引。即使是对于那些郁郁不得志的后来学者，孟子也留下了温情的人文关怀，所谓“天将降大任于斯人也，必先苦其心智，劳其筋骨，饿其体肤，空乏其身……”以鼓励那些苦苦追寻中华正统文化，却始终未能如愿的后来人。正是在这样的先人关怀下，我们的中华文化才得以数千年如一日的福佑国人，恩济四方，始终照耀着每一个国人跳动的心。比如，我们熟知的宋末三杰文天祥、张世杰和陆秀夫，正是中华文化的集中显现，还有让金兵闻风丧胆的岳飞，以及辛弃疾等大批爱国英雄，无一不谱写出了让每个国人骄傲的历史画卷。

在最后的崖山保卫战中，士气如虹并全副武装的蒙古铁骑面对已经筋疲力尽的宋军，本以为可以轻松劝降了。然而，让他们没有想到的是，南宋军队不但没有投降，反而死战不退，消灭了大量蒙古军队。但是，由于历史大势所致，南宋军队还是最终不敌溃败。史料记载，闻听陆秀夫携幼帝坠海自杀，代表南宋的国家象征覆灭后，无数当朝文人志士奔赴海边投水自尽，江浙一带更是出现了伏尸10万的壮烈场景。值得一提的是，代表南宋文化旗帜的岳麓书院，在蒙古大军到来之际，守兵差役都已经赶往战场，但是书院内的读书人却没有一个退缩，他们不逃不走，以常年读书阅卷的柔弱之躯杀向敌阵，直至全部战死。

其中的代表文天祥更是铮铮铁骨，被押在狱期间，忽必烈曾想尽各种方法百般劝降，一再强调可以答应他任何条件，但文天祥的眼中却只有鄙夷。行刑前，文天祥问了刽子手一个问题："哪边是南？"刽子手不知所以，如实指明，文天祥俯首跪拜，向南方尚未灭亡的南宋朝廷行了最后一个礼，然后慷慨赴死。不得不说，他们才是中国的脊梁，是如今每一个国人都应该知晓并纪念的。

到了清末，面对日本和西方列强的欺辱，仍然涌现出了大批可歌可泣的民族英雄。比如我们熟知的甲午中日海战，虽然最终被日本击败，但是，以邓世昌为代表的近代海军将领仍然表现出了一个中国人应有的气节。后来，日本舰艇将北洋水师全部歼灭在港口内，海军提督丁汝昌虽未战死，却服毒自杀，以示忠心赤胆。当时，为了躲避日军的海上封锁，海军将士准备趁晚上天黑用小船把丁汝昌的尸体运回京城，但日军不但没有阻拦，还表示丁汝昌可以按照相关葬礼仪式，风风光光地运回京师，并且在运送途中，日本海军舰队一字排开，鸣礼炮为丁汝昌送行。所谓受人尊敬，一定是值得别人尊敬的，至少是做了让人尊敬的事情。再比如，戊戌六君子之一的谭嗣同，虽然有机会逃命，但是为了唤醒沉睡的国人，在留下了一句"去留肝胆两昆仑"的壮烈诗句后，毅然选择大义赴死。

不过，同样不容回避的一个问题，就是我国历史上出现的大量汉奸。以抗日战争时期为例，庞大数量的日伪军几乎构成日本统治占领区的中坚力量，日军每次和中国军队对阵，也首先会派出这些日伪军。尤其是在抗日后期，这些日伪军队的表现常常比日本军队还要疯狂，对于抗日军队的消耗也是非常严重的。当然，这种罕见的行为不仅限于战场，同样也表现在学术界。比如我们所熟知的鲁迅先生，几乎每个人都知道他是一个爱国的学者，但实际上他就有一个汉奸弟弟，那就是周作人（鲁迅的本名叫作周树人），而且此人还是北京大学的一名教授，难怪鲁迅也因此和他反目。后来，周作人受到人民公审，虽然保护北京大学财产有功，但是种种卖国行为还是让他终身背负了汉奸的骂名。

第七章

人生观、世界观、价值观，“观观”相护

尽管勤劳一直以来都是中国人的一个优良传统，但随着时代的发展，以及人们物质生活水平的不断提高，“勤劳”这一原本充满了褒义的词汇在中国似乎也遇到了诚信的危机与挑衅。因为在外国人的眼里，中国式的勤劳不但没有为他们带来预期的幸福，反而错位的勤劳却让人们陷入到了一个“勤劳的怪圈”，就像是一头驴子埋着头只管拉磨盘，认为只要不停地拉就能碾出希望的泡沫，可是事实真的会如此吗？就像一位英国游客在华山游玩时，遇到了当地一个农民肩上扛着足足上百斤的重负在爬一个陡峭的山坡，有几次竟险些跌下山去，于是这位英国游客好奇地问农民：“挑这一次一定会赚不少钱吧？！”没想到，那位农民却回答说：“挑一次要花费一天的时间却只能赚到一百五十元。”当时，那位英国人不禁大为惊叹，因为付出如此多的劳力却得到了如此少的报酬，而且还要时刻冒着跌入山谷的危险。但这位农民的回答却更是耐人寻味，因为他需要钱来维持生活。的确，钱对于每一个人来说都是十分重要的，但是人一旦有了钱，满足了自己的愿望后，就真的能够获得幸福吗？

1. 谁都知道金钱不等于幸福，但人们总是走在追求财富的道路上

随着生活水平的不断提高，人们对生活品质的追求也在不断提高，从最初的解决温饱问题到后来的建设小康社会，人们对幸福的追求已经远远不再停留在单一的精神层面，对物质的需求同样占据了十分重要的地位。特别是在经济高速发展的今天，社会多元化的发展，使得人们的人生观、世界观、价值观出现了潜移默化的变化。而之所以会出现如此大的转变，其实是由于人们的生活观念出现了很大程度的转变。

在现实生活中，很多人都出现了一种奇怪的现象，就是一个人的言行不一。在谈论起金钱与幸福的关系时，很多人都会认为，金钱不等于幸福。可是，每个人却都在竭尽所能地走在不停地追求财富的道路上。为什么很多人都会出现这种言行不一的情况呢？

其实，答案很简单。金钱虽然无法换来真正的幸福，但它可以满足人们对物质的需求，而一个人对物质或金钱拥有的多

与少，它所代表的不仅仅是生活的富足，还关系到一个人受社会尊重的程度和他在社会上的影响力。据一项最新研究发现，一个人是否会感觉到幸福，和他受到的尊重和影响力有着密切的关系。尽管在此之前，已经有大量的证据表明，一个人的社会经济地位越高，其中包括他拥有的财富越多、受教育程度越高，从主观上讲并不能说明他的生活就会十分幸福，但是社会经济地位越高的确可以让一个人受到更多的尊重，而这种尊重可以给一个人带来幸福。

美国加州大学伯克利分校的研究人员，为了证实这一点，曾经做过很多相关的研究和试验。研究人员首先从学校里找来了80名在校大学生，并且分10个小组分别进行了调查。每个学生从他们的同伴那里获得的尊重被研究人员称为他们的社交地位，然后根据同伴评分、自我报告和学生担任的领导职务数量计算得出一个结果。与此同时，研究人员还综合考虑到了这些学生的家庭收入等方面，并要求他们对自己是否感觉幸福进行了回答。综合以上种种因素，调查结果显示，这些大学生们从同伴中获得的羡慕，基本上都会给他们带来幸福感，但他们的财富和收入却并没有影响到他们的幸福感。

随后，为了更准确地证明这一点，研究人员又扩大了被调查的对象，对加州大学商学院的研究生进行了同样的跟踪调查。结果发现，这些工商管理硕士生们的幸福感和他们在毕业前后从同伴或同学那感受到的羡慕的变化有关。最后，研究结果证实，和金钱相比，来自同学、邻居、朋友或是队友的尊重，和一个人是否幸福和快乐有着十分密切的关系。同时，研究人员也表示，限于他们所调查的对象均为那些在校的学生，尽管这些学生的文化程度存在不同，但毕竟他们还没有进入社会，那些来自于社会方方面面的压力并没有影响到这些在校学生。

加州大学伯克利分校研究人员的调查，尽管由于调查对象的单一化导致了不够全面，但是从这些调查研究中可以发现一个毋庸置疑的事实：幸福和一个人所受到的尊重有着很大的关系。

事实上，一个人所接受的教育程度，同样能够让他博得人们的尊重，比如那些科学家，由于他们在各个领域所取得的研究成果，都受到了世人的敬仰。这个浅显的事实告诉我们，一个人教育程度的高低和他所拥有的才华同样可以让其赢得人们的尊重。

众所周知，权力和金钱同样也能够获得人们的尊重。不过，这种尊重往往并不是完全发自人们的主观上的真实意图，因为权力可以掌控一些社会资源，金钱能够左右经济的起落，同时权力一样可以获取金钱。所以，当人们无法获得更高的权力时，往往都会去追求更多的财富，因为在西方社会，权力和财富往往能够获得某种契合。所以，因权力和财富而获得的社会尊重或社会影响力，往往并不是真正的幸福，比如克林顿和他的夫人希拉里，两个人当年是在耶鲁法学院认识的。当时他们同为民主党候选人乔治·麦戈文做竞选工作，后来又在阿肯色州成为了同事。他们之间的婚姻应该说是幸福的。但是在后来克林顿的政治生涯中，由于莱文斯基事件的曝光，两人的婚姻同样出现了危机：希拉里曾坦言欲与克林顿离婚。可是，后来两人经过长谈后，最终放弃了离婚。并且，之后两个人还经常以幸福的面孔出现在各个场所，但此时他们的婚姻早已不是什么幸福了，而是上升到了双方政治上的相互妥协。

克林顿和希拉里的经历告诉我们，真正的幸福不是用金钱可以买到的，同时也不是权力可以抢来的。那么，人们为什么还是在苦苦地追求这些与幸福无关的身外之物呢？因为每个人生活在这个社会上，并不是孤立存在的，精神上的幸福可以给人很大的动力，但物质上的需求却是必不可少的，特别是在这个物质追求更加强烈的时代，尽管金钱买不回幸福，但幸福却在很多时候不得不向金钱低头。

林立红从首都师范大学毕业后，很幸运地考上了国家公务员，在郑州国税局工作。或许是一种缘分，她认识了给领导开车的司机曾毅。经过一段时间的交往后，彼此之间有了更深的了解。可以说，两个人的工作和家庭情况都不错，曾毅虽然只是个司机，但人长得高大，又很帅气。所以，他们两人很快便组建了一个家庭，1年后有了个儿子。在外人眼里，林立红和曾毅是很令人羡慕的一对。可是随着儿子的出生，曾毅在思想上也发生了很大的变化。因为他认为一个男人要有自己的事业，总是给领导开车到头来仍然只是个司机，于是他决定辞职去经商。林立红得知此事后，曾多次劝阻他，因为在她眼里他们一家三口已经很幸福了，何必辞去好好的机关工作去做生意呢？但曾毅却不这样想，为了给儿子和林立红一个好的将来，他一定要出去闯一闯。

曾毅很快便办理了辞职手续，但经商却并不是一句话那么简单的事情。当时，曾毅几乎将所有的家底都掏空了，父母还因此而为他筹借了不少钱，这才将工厂办了下来。于是，曾毅便开始了东奔西跑，上新疆，下广州。看着老公如此奔波劳累，林立红也曾劝过他收手，但曾毅却更加坚定了自己的信念。他想他仅仅是出来办了个厂，就已经显露出了家底的薄弱，所以一定要做出个样子来。

不久之后，曾毅的工厂果然好了起来，他接连拿到了几笔重要的订单。在这段时期，林立红也感觉到了快乐，因为在曾毅出来经商的1年后，不仅还掉了借的所有的钱，曾毅还为家里买了套大房子，同时也给了她很多的零花钱。

但随着流水似的花钱，她却感觉到了一丝空虚。因为自从老公出来经商之后，不仅极少回家，还经常出入各种娱乐场所。久而久之，他竟然将很多业务都交给了副手，自己只负责招待客户了。很多次，曾毅回来后酒气熏天地睡了，电话仍响个不停，林立红接过几个，都是一些女的。这还不算，在单位也有不少人开始在背后议论她了，她曾听说老公在外面不只包养了一个女人。起初她还不相信，直到有一次儿子夜里突发高烧，她打了他的手机，结果却是一个自称是曾毅老婆的女人接的。从那以后，林立红和老公正式分了居，尽管曾毅曾百般向她发誓，但早已听得耳根起茧的林立红毅然从家里搬了出去。

从林立红的经历中可以看出，最初刚结婚的时候他们两个人已经感受到了幸福，因为工作和生活都不错，但后来曾毅因为不再满足于给领导开车的工作，想多挣些钱以换来更大的家庭幸福，结果金钱是挣回来了，但他却在追求财富的道路上渐渐迷失了自我，最终换来的并不是什么更大的幸福，反而是他用自己辛辛苦苦赚来的金钱亲手将自己的幸福打碎了。所以很多时候，尽管每一个人都知道金钱并不等于幸福，但是我们却毅然前仆后继地走在了追求财富的道路上。因为人对物质的占有欲是与生俱来的，一个人不断地追求财富，并不能表明他就是为了幸福，在绝大多数的时候，那些追求财富的人，实际上只是为了满足自身的一种心理需求。所以从某个角度上来讲，那些走在了追求财富道路上的人，无论他们是否能够最终获得自己渴望的财富，但对于他们的内心来讲，这个追求的过程其实是幸福的。

2. 杞人忧天似的远虑导致的是对养老的过度忧虑

随着整个国家城市化推进步伐的加快，很多问题也被人们尖锐地提了出来，比如养老问题，特别每逢重阳节来临的前夕，这一话题总会出现在各大媒体，成为人们茶余饭后、街头巷尾所津津乐道的焦点。

其实，养老问题在中国早已是老生常谈了。第六次人口普查结果显示，中国的人口总数已经突破了13亿大关，拥有13.39亿人口，其中达到60岁及以上人口的数量占据了全国总人口的13.26%，成为了世界上人口发展规模最大、老龄化进程最快的国家之一。专家预计，如果中国的老年人以近几年每年860万的速度持续增长的话，那么到2015年时，中国60岁及以上的老年人人口将会达到2.21亿，占总人口的16%；到2020年时，这一数字将达到2.48亿，占17.2%；而到2051年时将会达到4.6亿左右。

届时中国老年人的人口数量将会是少儿人口的两倍。如此一来，老年人再加上少儿人口，仅仅这两个处于人口年龄两端的总量将会达到13.8亿。我们先抛开其他因素，仅仅以这种理想状态的推算结果来看，到了2051年时，位于年龄两端的人口都已经高达13.8亿了，已经远远高出了第六次人口普查时的全国人口总数13.39亿。那么作为中间年龄段的人口会有多少呢？如果我们仍然以2010年第六次人口普查为例来进行合理推算，究竟会是多少呢？这个数据并不难计算出来，占据着60%的中间段人口将会是34.5亿。如果我们将思维再形象化一些，如果这34.5亿人口生活在中国的960万平方公里上，又会是一个什么概念呢？真的到那个时候，恐怕就不单单是养老的问题了。

在有了这样一个基本的思路后，我们再回过头来看一看人们争论不休的关于养老问题的焦点。随着计划生育开始的这一代独生子女们的父母双亲逐渐衰老，中国出现了一种越来越多的“4+2+1”模式家庭。也就是说，作为中间一带的两个独生子女来说，他们将会承担起彼此双方父母的共同养老问题，这些人大多是那些80后出生的人。两个人却要奉养四个老人的养老问题，听起来似乎比例悬殊，被很多人更为形象地称之为“倒金字塔式”的养老形式。所以有很多人，甚至是不少权威机构的专家都对那些80后出生的人给予了很大的同情：80后们究竟要变成怎样的“变形金刚”，才能够在抚养下一代的同时，去供养4位老人的晚年生活？

此时，另一个问题不能不引起我们的注意，那就是关于人平均寿命的问题。据2009年统计数字显示，中国人的平均寿命是73.05岁，其中男性平均寿命为71.3岁，而女性则高达74.8

岁，而据联合国所提供的数据显示，从1990年到2008年，中国人的平均寿命增长了5.1岁，达到了73.1岁。我们姑且不管这些数字是否准确，事实上在我们的身边，活到70~80岁的老人的确越来越多了，这是不容忽视的一个现象。据一项不完全统计的数据看，2009年中国80岁以上的高龄老人已经达到了1900万，超过了老年人口总数的11.38%；到2020年，80岁以上的高龄人口将会突破3000万，占老年人总数的12.37%；而到2050年，80岁以上的高龄人口将达到近1个亿，占老年人口总量的比重也会达到20%。

这些只不过是干巴巴的数字，但是假如我们将人类平均寿命逐年增长的因素和养老问题结合起来看呢？相信很多人都会感到震惊，因为这就意味着，人类平均年龄的增长使得四世同堂已经很平常，那么在“4+2+1”这一倒金字塔的顶上，还要加上几座大山呢？如此来看，那些80后出生的人将面对上有至少4位老人、下有至少1个小孩的情况。这样一来，这些80后估计无法维系这一大家庭的基本要求了。事实真的会或是即将恐怖到这种不可收拾的地步吗？

往往事情的焦点到了这里就会出现分水岭，热衷于“托老所”事业的人士就会将目光对准中国当前并不十分健全的社区养老院、居家养老等养老方式上，并对一些养老机构存在的问题进行了批判与质疑，特别是那些打着“福利”的幌子的社会资金的介入，在给养老事业注入一股新鲜血液的同时，也在利益的驱动下暴露出很多问题。

关心住房问题的人士就会由养老问题谈及中国的住房政策

上，其观点是，70年的产权，一个人一生下就买个房，到他养老的时候也就没地方住了。这是一个不容忽视的问题，因为绝大多数的人不可能在一出生时就有能力买上一套房子，也就是说，等他还没有需要养老的时候就已经变得无家可归了。

如果从投资的角度来分析，中国不像一些西方国家，有着完善的投资理财制度，很多人在还没有进入养老年龄时就已经开始为自己的养老问题做准备了，他们可以通过正当的途径找到自己的经纪人，比如投资股票、基金等，基本上每年都会获得稳定的增长。在这方面，与西方国家相比，中国的很多投资手段比较匮乏并且缺乏稳定性，比如股票市场、期货市场、国债和基金等，其中暗藏着很多玄机，不要说资金投进去会获得什么收益，只要能不赔不赚地做到全身而退都很难。而如果将资金存在银行里呢，利息的增长又远远赶不上通货膨胀。既然无法通过投资的方式为日后的养老做准备，那么养老资金又从何而来？

由于每个人所关注的方面不同，所以他们因养老问题而衍生出来的一系列问题也有着很大的不同，但无论是从哪个角度出发，这些方方面面存在的问题的确都从不同侧面折射出了关于养老的问题。特别是在2010年，北京师范大学金融研究中心钟伟教授发表了一篇宏论，更是一石激起千层浪。他的观点是，如果是生活在北京、上海、深圳和广州等这样的一线城市的话，假如是在2027年退休的话，那么即使是准备好了1000万来专供一个人养老，也未必够用。在文章中，钟伟教授还提出了很多论据来佐证这一观点，1000万元养老的话一出，立即在社会上引发了新一轮的争议。如果按照他的观点来看的话，即使是月收入1万的人，就算从出生就开始工作，工作到80岁再退休养老，并且这80年还要做到不吃不喝也只有960万，这还远远不够养老的。

这一观点的提出，很快便引起了社会各界人士的广泛关注，认为钟伟教授的这一说法听起来未免有些夸大其词，并被很多学术界人士认为此举缺乏基本的经济学常识和专业的学术态度。因为通货膨胀率和人们的生活质量所提供的系数都是一种模糊意义上的概念，没有人能够给出一个精确的答案。换句话说，没有标准的尺度丈量出的一份精确的数字，只是痴人说梦。其实，这种观点上的争执，有些像别着两股劲的人硬要拧到一起的感觉。比如，在中国的70年代末到80年代初期，当时很多人都以自己能够成为一名万元户为荣，只要当上了万元户，就像成为了一方的大地主。因为当时1万元每年存在银行里的利息就有1000块，而当时人们的工资仅仅是每月十几块钱，所以万元户在那个时代成为了大富豪的代名词。如果是放到了现在呢，一万块钱能做什么呢，恐怕连一间房子都盖不起来。所以，以人们现在的眼光去看待未来还没有来到的时代和社会，尽管是那些经济学家从客观的角度出发，并根据发展的眼光去小心推理未来远远超出人们视觉范围之内的事情，却也是根本无法站稳脚跟的。

2001年，适逢日本经济不景气，在当时的东京街头，不论是公园还是在河道的两侧，到处都搭满很多的窝棚，很多流浪汉聚集在那里，看起来就像是遭遇了灾难在那里避难，一个个身上脏兮兮的。可是，谁也不会想到，正是在这样一个个不起眼的绿色窝棚里，竟然有着很多的“千万富翁”。猛一听很多人都会感到惊讶：千万富翁竟然会流浪街头？实际上这是由于日本不同的退休制度所造成的。因为在日本，职工退休后通常企业都是一次性付清职工应该得到的退休金，而不是像中国一样每月去领，而日本当时普通的工人都会拿到每月至少30万日元的月薪，所以很多日本的退休职工都会轻松地拿到超过千万日元的退休费。但是，这种意义上的“千万富翁”和70年代末中国的“万元户”又怎么可以同日而语呢？

同样的道理，当人们把焦灼的目光集中到那些仿佛是劫后余生的80后身上，其实就像是人们以现代的眼光去审视70年代的“万元户”一样，他们只是抓住了从80年代开始中国实行的计划生育政策，80后面对男女双方的4个老人即将出现的养老问题时的困难重重，但是他们却忽略了另一个重要的问题，这些80后出生的独生子女们的父母们，他们大多都60年代初出生的人。也就是说，对于那些60年代出生的人来说，只要是生活在城市里的人都会有一份稳定的工作，他们所面临的只是即将退休与安度晚年的问题，而并不是给女子增添麻烦的问题。而对于那些生活在农村的60年代出生的人来说，随着农村新医疗和农村养老保险新政策的推行，他们所面临的同样也不是老无所依，而是既可以领到一份养老金，还可以享受到“病有所医”的待遇。所以，当前对中国养老问题的担忧，那种看似杞人忧天似的远虑，其实是人们对养老的过度忧虑罢了。因为随着各项制度的不断完善，中国的养老保险制度，也将会走出一条符合中国国情的崭新道路。

3. 中国人为什么只懂得勤劳工作，却不懂得休闲?

提起勤劳，很多人都会想到一句耳熟能详的话：“勤劳是中国人的传统美德。”的确，从1949年建国至今，在短短60多年的时间里，中国人正是凭借着自己勤劳的双手，让中国产生了翻天覆地的变化，从最初的“一穷二白”，到如今成为了世界多元化格局之下不容忽视的一个发展中大国。所以，只要一提起“勤劳”两个字，每个中国人心里都会充满了一种自豪感。然而，追求幸福、舒适、安逸的生活，原本是人类与生俱来的一种本性，但是，随着人们生活水平的不断提高，懂得勤劳的中国人为什么只知道辛辛苦苦、勤勤劳劳地工作，却不懂得如何去休闲呢？难道中国人已经只懂得如何勤劳地工作，却不晓得如何去休闲和享受了吗？

在一方面担负着相当大的军费开支的情况之下，中国还面临着重建。所以在建国初期，中国人所付出的艰辛与劳动并不是仅仅用勤劳两个字就能够代替的。正是在这种全国动员大搞生产的前提和背景之下，中国才得到了前所未有的发展，并且取得了很多令世人瞩目的成就，比如核武器研制的成功、神舟一号载人飞船的发射成功、奥运会的成功举办，不仅提升了国人的士气，同时也让世界人民看到了一个崭新的中国。随着中国加入WTO，中国经济在随后的数年间，通过人们的勤劳工作，更是保持着较高的增长，再次引起了世人的关注。但另一个令人奇怪的现象却出现了，如此勤劳的中国人通过自身的不懈努力，生活状况和居住环境都得到了很大的改善，甚至很多农村都发展成为了新农村。那么，为什么他们还在孜孜不倦地劳作着而不懂得放松呢？

细究起来，这和中国人多少年来所养成的性格有关。因为作为一个民族而言，中国人不像日本人总是喜欢以“拿来主义”的方式发展自我，比如在医药方面，日本人从很早以前就开始从中国进口一些厂家的中药丸，然后在国内进行深加工。普通的一个中药丸，经过日本人提取主要成分进行加工后，就变成了细小的颗粒状的药物，再经过重新包装卖给中国，就成了堂而皇之的“日本品牌”。更有甚者，日本人竟然还跑到珠三角地区，招募中国一些创作动漫的人才，因为在发展经济的过程中，为了引进外资，中国曾对外国企业给予了很大的优惠政策。日本人正是借助这些政策的掩护，以高出中国本土工资两倍到三倍的价格招募到了很多的动漫创作人员，创作和制作出了大量的动漫作品，就像当年中国福建的咏春拳被日本人演化成空手道一样，成为了所谓的“日本创造”。相较于日本人，美国人的胃口更大，直接以更高的薪金将很多华人留在了美国。

与日本人、美国人相比，中国人则不同，他们不会玩偷天换日的把戏。因为很多中国人从一生下来就会得到父母的教育：别人的东西再好，也是别人的。所以，对于绝大多数的中国人来讲，他们宁可通过自己辛勤的劳动，换得他们想要的东西，也绝不会伸手去偷别人的东西，然后贴上“中国制造”的标签来冒充是自己的。令人哭笑不得的是，很多中国人在出国购物时，经常将买回来的洋货拿出来送给亲戚朋友，然后发现，所谓的洋货却用小字标示出“中国制造”的字样。这是因为，中国人从古至今便有着自己民族不同的人生观和价值观。唐朝诗人杜甫在诗中写道：“溺水三千，只取一瓢饮之。”便很好地道出了中国人不贪的君子风范。

君子之风，在中国古代有着数千年的传统，它象征着敦厚与朴实，所以即使是到了今天，很多国人都还有着诸如“书香门第”等称呼，而这种敦厚与朴实的风气与一个人的知识多少无关，并不是知识分子所独有的，比如在如今很多的农村，依然保持着“路不拾遗，日不闭户”的传统。尽管那些生活在边远山区的人们，生活得并不富裕，但勤劳的本色却始终没有丝毫褪色，在祖祖辈辈生活的土地上过着简单却幸福的生活，并且保留着好客习俗。新疆、内蒙古等地区的少数民族，只要有远道而来的客人，他们都会拿出自己家中最好的食物来款待客人。这些食品在外人看来，可能是值不了什么钱的，但却是他们辛辛苦苦通过自己的努力和劳动挣来的，只有逢年过节的时候他们才会拿出来吃。

陆小红是北京一家公司的经理，出于对狗的喜爱，最终放弃了邮局舒适而安逸的工作，和朋友开了一个公司，专门养藏獒。为了寻找到纯正的藏獒，她曾多次开车前往西藏、青海等地寻找。直到2010年，她终于在路过西藏的一个村子时发现了一只纯种的藏獒。为了能够买到那只藏獒，她找到了那只藏獒的主人，主人叫次仁旺堆，就是当地的一个农民，因为养了50多只羊，所以才向一个亲戚要了一只藏獒来养，主要还是负责看护羊群。通过几天的接触之后，陆小红越来越喜欢那只藏獒，可是她又一直不好直接说出口，后来因为公司里有事，她不得不向老人说了出来，说她特别喜欢这只藏獒。没想到，她刚一说出口，老人竟然一口就答应了，甚至是当陆小红拿出20万块钱向老人以示谢意的时候，却被老人拒绝了。因为在老人眼里，那只藏獒不过就是一个管“羊”的，但最后陆小红还是悄悄将钱留了下来，因为即便她以20万买下了这只藏獒也是绝对捡了个大便宜。

相对于陆小红来说，那位叫次仁旺堆老人的生活并不好，可是对于好客的藏民来讲，对远方的客人，他是绝不会收对方的钱的，因为那是对他人格上的一种污辱，即使那只藏獒在陆小红眼里意味着不一般的财富。这就是朴实的中国人，朴实得他们宁肯用自己的勤劳去换取微薄的收入，也不愿意获取那些不属于他们的财富。

在君子之风的影响下，随着国民经济的发展，人们的生活水平也得到了很大的提高。但生活好了，中国人骨子里那种勤劳朴实的性格却没有发生太大变化。特别是那些已经退休或是即将退休的老人，还有那些在童年时曾经经历过贫穷生活的人们，正是因为在年轻和童年时曾经经历过那种困苦的日子，他们比别人更懂得自己能够拥有现在这种好日子是来之不易的。所以，即便是如今生活宽裕了，他们也从来不会乱花一分钱，在衣着上也从来不讲究什么品牌，只要干净得体就行，吃的也并不是什么大鱼大肉，反而是那些粗茶淡饭。他们经历过困苦年代，所以更懂得珍惜如今的生活，而长久的饮食习惯已经让他们习惯了那些食物、那些朴素却倍感幸福的生活。

与此同时，随着国家体制改革的深入，他们宁肯将自己节省下来的钱留给自己的儿女，或是给那些需要帮助的亲戚朋友，也不愿意去过什么休闲的生活。

众所周知的曾经出演过《五月槐花香》、《半路夫妻》、《丑娘》等电视剧的表演艺术家张少华，在接受北京电视台专访时就曾指着自己的一身装扮讲，自己身上穿的毛衣就是在早市上买的，花了20块钱。当主持人问起她的生活时，张少华以她那特有的幽默和朴实讲述道，她其实就是个北京老太太，并坦言自己演戏挣不了什么钱，至今依然住在天桥街的房子里，面积只有40多平米，还是1982年中国评剧院分给她的房子。

40多平米，对于张少华来讲，已经很满足了。因为儿子已经成家搬了出去，她和老伴住在那里已经很宽裕了。但正是在这样一间小屋里，那些年轻的明星或是新出道的演员们却经常会在拍完戏后会来到这里，他们都习惯地称张少华为妈妈。

而只要他们一来，张少华都会亲手为他们做一顿丰盛可口的饭菜。主持人也曾问张少华："为什么不像很多北京的老人们和老伴一样到郊区风景好的地方买套房子去过休闲的生活？"张少华却笑了，朴实地说："什么休闲不休闲的，这样过就挺好。"

从张少华身上也可以看出，张少华眼里的快乐生活就是能够尽己所能地去帮帮那些年轻的演员们，同时自己还能出演一些人们喜欢的角色。他们之所以没有像那些生活在西方国家的人一样，在退休后或是闲暇时光选择一些风景宜人、生活消费水平相对比较低的国家去颐养天年，或是放松休闲自己，很多时候并不是他们不想这样做，而是过去长期的贫穷生活已经让老一辈的人们养成了简朴和吃苦耐劳的性格，并且以自己为榜样影响着他们的后代。而且，很多人还因为长期的工作，对自己的工作产生了兴趣和成就感，所以在外国人看来，很多中国人都是过着一种痛并快乐着的生活。其实，外国人所看到的是一种在社会告别贫穷与落后时期，时代和社会背景所影印在人们身上的缩影，所以才会产生这样的疑问：中国人为什么只懂得勤劳工作，不懂得休闲、放松自己？

4. 单纯地追求金钱并不能带来预期的幸福

幸福是一种感觉，从心理学的角度讲，幸福是一个人在较长的时间里持续对生活感到满足，以及感觉到生活有极大的乐趣，并自然而然地希望能够持续久远保持着这种愉快的心情。由此可见，幸福是一个比较抽象的概念，如果想要一个人感觉到幸福，就必须让对方在心理上得到满足。

在古代，人们一旦有钱了，首先要做的就是修建一座大宅子，然后再多置些田地。但从古至今，时光过去了数千年，老百姓们的要求是什么呢？仍然是买一座相对宽敞的房子，然后是车子，其次才是将钱存入银行以备不时之需。所以，无论是那些幸福城市的评比，还是未来以这个目标去改造城市或修建新城，要想人们能够生活得幸福，在很多人看来，金钱是最为主要的因素。因为只要有了钱，就可以满足自己的各种欲望。不可否认的是，这个观点几乎已经成为了当今很多人所公认的一种价值观念。因为这是任何人都要承认的一个现实：如果没有钱，你根本买不来属于自己的房子、车子；如果没有钱，你想开公司、办工厂，那是不可能的。

于是，人们开始了各自追求金钱的财富之路。但是，如果我们回过头来看那些寻金路上的人们，当他们拥有了金钱之后，就真的能够获得自己预期的幸福吗？

陈静原来是松下电器广州总公司的一名文员，她本来是到南方来寻找自己的梦想的，因为很多人都说在广州钱好赚，所以她进了松下这家跨国企业。当时，很多同学都很羡慕她，可是两年过去了，她不但没有得到晋升，公司反而又招来了两名文员，陈静心里很不好受，这不明摆着是想替代她吗？尽管经理讲这两名文员是在这里熟悉一下工作，以后会调到其他部门。可是，两个月过去了却迟迟没有动静。这时候，陈静想到了以前的几个同学，并且在电话里约她们出来，一来想散散心，二来想换一个工作。

由于陈静的工作比较清闲，每天就是处理一些文件。而她的那些同学多数是在加工厂里做着一线工人，有几个还曾经频繁地换着工厂，所以虽然都在广州，可实际上她们几个人却好久没有联系了。然而，等真的见了面之后，陈静却一下子惊呆了。小丽竟然坐着一辆黑色本田，是她男朋友送她来的。小丽的男朋友把小丽送来约定地点后，就走了。据小丽介绍说，她男朋友开了个服装加工厂，打算在番禺新村那里给她买套房子。结果这一次聚会下来，对陈静的心理冲击更大，那些论容貌、身材都远远不如自己的同学，没想到一个个都有了自己的男朋友，他们有的租了个门面做点生意，有的是个小老板。

恰在此时，小丽给她推荐了一家工厂，规模虽然小了点，但环境还不错，特别是老板，还是小丽男朋友的朋友，所以老板给她的工资很高，并希望她能在工厂好好学，将来可以替他管理这个工厂。但是，在接下来的日子里，陈静很快就发现了，老板很喜欢她，并且小丽也在不久后直接和她摊了牌，说这个老板的确是很喜欢她，家在台湾，只不过是岁数稍稍大了一点，但关键是对方有钱，以后如果再给他生个儿子，那么就可以在家安心做太太了。陈静当时没同意，但也没反对，直到后来父亲打来电话，说家里想要盖房需要钱，陈静一看存折才傻了，存折里没剩多少钱。于是，她和小丽去借钱，可是陈静怎么也没想到，老板却主动找到了她，并且慷慨地把钱借给了她。就这样，两个人在一起了。而在随后的日子里，陈静又向这个老板借了些钱，开了一家服装店，这一直是她的理想。可是，门店租金太贵，由于经营不善，最后非但没赚到钱，反而赔了不少。本来，陈静是想用这家服装店来赚钱，以便自己能够尽快地还掉欠对方的钱，可是如今不但没还上账，反倒欠得更多了。

台湾老板生意虽然并不大，但心胸却很开阔，带着陈静去了香港，由着她的性子买回了很多的衣服，可是再回到了广州，就像是醉酒后清醒过来后一样，面对自己欠下的这些钱，以及远在家乡的父母明里暗地里询问感情状态，陈静才明白，看来自己真的是无法摆脱这个大了自己将近20岁的台湾人了。其实，小丽没有告诉陈静，那个台湾人虽然是离了三次婚，但是并不是因为什么感情不和，也不是这个台湾男人太过花心，而是他一直想要个儿子。可惜的是，他的前几任太太却没有一个能够帮他完成这一心愿的。

从陈静的经历中可以看出，她本是个在各方面条件都不错的女孩子，所以才进入到了跨国企业松下电器设在广州的分公司，并且一直做了两年。在这两年中，并不是她工作的责任心不够，而是她不想仅仅是做一个合格的办公室文员。她身上的优点和特长因此没能够再这两年里展现出来。之后，陈静在与旧日同学的一次聚会中，看到这些和她当初一起来南方寻梦的同学们都不同程度地收获了爱情或事业后，心里受到了很大的触动。这种触动对陈静是很大的，所以她才在后来小丽的劝说下，去了那个台湾小老板开的工厂里。从平时的工作交往中，陈静凭借着女孩子的敏感已经感觉到了这位台湾小老板对自己的特殊关心，再加上同学小丽的从中撮合，以及父亲在老家盖房子需要钱等原因，最终导致陈静向台湾小老板妥协。

其实，对于中国的不少家庭来讲，类似于陈静这样的情况并不少见，一个人为了满足各自不同的愿望，总会做出一些妥协。与其说是陈静在一步步向那位台湾小老板妥协，还不如说是她内心深处在一步步向金钱妥协。因为，从陈静踏上南下列车的那一刻起，实际上也就开始了她的寻金梦。而一个人有理想、有抱负，并不是什么坏事，只有敢想和敢做才能够在奋斗和拼搏中成就自己的事业。

的确，每个人都喜欢金钱，因为它可以满足人们对物质的需求。但是，如果我们只是单纯为了满足自己的某种物质欲望而去追求金钱，那么我们就会像故事中的陈静一样，在过分追求金钱的路上一点点迷失自我，不仅因此而葬送了自己的爱情，在不久的未来，假如她和那个台湾小老板的前几任太太一样无法为其生养一个儿子的话，那么她这场婚姻最终结局可能会更惨。但是，有一点却值得人们反思，如果单纯以追求金钱为目的，无论其最后是否得到金钱，最终换来的也许根本不是自己预想中的幸福。

第八章

封建、迷信、无信仰，降低了生活质量

提到信仰，很多人都会想起宗教，事实上这只是对信仰的狭义观念。真正的信仰是人们头脑中坚定的信念，一份不会因为外界环境变化而轻易改变的坚持。如果从科学的角度来讲，人生理想和目标，也可以认为是一种信仰，因为它同样可以有效地指引人们走完自己的人生旅程。不过，对于很多人来说，其信仰并不够坚定，他们可能会时常更换自己的信念，或者在关键时刻发生动摇，而这样的人也注定不会与幸福相遇。

信仰是一种取信于人的保障，比如对于那些虔诚的宗教信徒，人们总是愿意无条件地对他们产生信任，与他们在一起也会觉得非常踏实。但是，对于那些完全没有信仰的人，人们即使与他们非常亲近了，同样也会提防他们做出恶劣行为。对于日常生活中的行为处事同样如此，如果一个人信守自己的诺言，从来没有做过出尔反尔的事情，那么大家一定都非常愿意相信他。相反，如果一个人经常出尔反尔，即使对方做出郑重承诺，我们也会抱有迟疑的态度。而我们要想成为一个有信用的人，首先就应该建立自己的信仰，同时也为我们自己的幸福建立保障。

1. 封建思想流失了你的幸福感

所谓的封建思想，顾名思义就是封建社会的思想体制，那么它必定是在封建社会的体制下所形成的，而封建社会是以分封制所定义的一种社会制度。在这种制度之下，国王会给自己的亲信分封一些领地，而这些封建领主将会向君主效忠。各地的领主又会将君主分给他们的土地层层分给效忠于自己的小领主，于是就形成了金字塔式的国家治理结构。而处于底层的那些普通民众，没有土地，他们就只好听任那些领主呼来唤去，为领主打长工，或是帮领主种地。在这种以土地为基础的封建社会制度下的农耕经济，自然就形成了封建社会的经济发展模式。作为生活在底层的广大民众而言，因为他们没有自己的土地，所以不仅自身得不到别人的尊重，成为地主阶级使唤的奴隶、仆人，而且丝毫享受不到任何民主权利，生活自然也就没有任何幸福可言。

在这种封建剥削制度之下所形成的封建思想，无论在表现形式上出现了什么不同，其核心宗旨却只有一个，那就是通过剥削制度禁锢人们的思想，而人们的言行也要在最大程度保护那些站在金字塔顶端的剥削阶级的利益。但是，有一点颇为值得我们注意，即使这些封建思想和治理国家的政策是出于保护剥削阶级的少数人利益的，但并不是说每一条规定都表现得十分明显和突出，这些根本点往往夹杂在一些公平和道义的理论之中，成为了一种制度化的思想，也就是人们常讲的封建思想。

从公认的传统史学研究的观点出发，中国的封建社会大约从公元前475年的战国时期开始，一直到后来的1912年，辛亥革命推翻了清王朝的统治成立了中华民国为止。这一期间竟然长达近2400年，所以说，封建思想在中国有着源远流长的历史积淀，数千年来对社会和人们的思想产生着重要影响。尽管在封建社会的统治下，人们追求自由、平等、和谐的意愿始终不曾停止过，也因此而流传下来了许多中华民族的优良传统。但不可否认的是，不管从新中国成立的1949年算起，还是从辛亥革命时算起，人们的思想得以解放，也不过仅仅是上个世纪发生的事。在这短短的时间里，人们的思想发生了翻天覆地的变化，然而作为有着悠久历史的民族来说，想要在短时间内彻底根除封建残余的思想，那是不可能的事情。

历史发展带给我们的问题，并不是一刀切就可以将其去掉的，尤其是那些顽固的封建残余思想，在被那些别有用心者利用之后，从表面上看，往往都会重新披上了一层美丽或是神秘的外衣，而当人们在生活或工作过程中遇到了挫折或不如意时，往往就会有机可乘。在向往美好、追求幸福的路上，人们经常会在不知不觉中成为那些封建卫道士的牺牲品。在他们的鼓吹之下，那些披上了华丽外衣的封建残余思想，不仅没有给人们带来幸福和美满的生活，反倒一点点将原本属于自己的幸福也统统流失掉了。

所谓的幸福感，属于心理学上的一个研究领域，作为个体的人类而言，它不过是人们的一种心理体验，比如一个人对生活的主观意义和满足程度的某种价值判断所产生的一种具有积极意义的心理体验。所以说，尽管人们的幸福感是基于个人的主观意识之上的一种心理体验，主观色彩十分浓重，但它同样会受到很多因素的制约。社会因素，比如社会的教育体系是否完善，以及婚姻的质量；心理因素，比如一个民族的性格、对生活的态度、在社会活动或是人与人交往之中是否被尊重；文化因素，比如一个人的价值取向以及传统习惯等；政治因素，包括一个人的民主权力和参与社会各项活动的机会与权力等。所有这些因素，都会影响到一个人的幸福感。

在影响一个人幸福感的所有因素中，政治因素往往占据着十分重要的地位，比如如今国家实行的人民代表大会制度，就是人民实现民主专政的一种政权组织形式，也是人民行使权力的机关，人大代表也是通过各级人民代表大会选举而产生的，充分体现了人民参与治理国家的机会和权利。这种政治体制充分体现了普通人民的权利，人们自然会感到被尊重。再加上国家大力扶持地方的经济发展，并在政策上给予了那些偏远农村很大的优惠政策，人们自然会感觉生活富足了。在提高全民经济大发展的情况下，国家更为注重人们的养老、医疗等各项福利待遇的完善与提高，以及教育体制的一系列改革等。生活在这样的国家，人们自然会感觉到幸福。然而，中国毕竟有着两千多年的封建社会历史，数千年的封建思想不可能在短时间内得以完全根除，所以，这股封建残余思想，也成为了影响社会向前发展、人们得以幸福的一大阻碍。

在中国，封建思想往往都是借助一些思想流派来完成统治者统治国家的目的，比如影响最深的儒家思想，便是历代封建统治者统治国家所借鉴的法宝。众所周知的“三纲五常”，其中“三纲”指的是君臣义、父子亲、夫妻顺，而“五常”指的是仁、义、理、智、信。这些宝贵的思想，它们所提倡的理念不仅在古代成为了令人称颂的美德，即使是在当今社会，也是人们身上渐渐缺失的一种美德，值得现代人学习。它不仅不是封建残余思想，反而有助于中国的社会发展与进步。然而，很多封建思想就是借助这一美好思想得以延伸的。比如“三从四德”，其中“三从”讲的是未嫁从父、既嫁从夫、夫死从子，将女人直接归属于男人的一种附属品，这种思想直接确立了女人的“跟从”地位。而所谓的“四德”又进一步规范了女人的言与行，从女人的品德、相貌、言语和治家等方面给予了细分，并且强调“不孝有三，无后为大”的传宗接代思想，使得大部分在古代没有生育的女子没有得到应有的幸福。

从封建思想里女子的“三从四德”中也可以看出女人在古代所占据的社会地位。即便是到了21世纪的今天，这种思想依然没能完全根除，特别是在很多农村，女人“从一而终”的悲剧思想虽然已经不多见了，但大多数的农村女人依然在很大程度上处于家庭的次要地位，仍然以“男主外、女主内”的模式生活着。在这种生活模式之下，男人几乎就成为了女人头顶上的一片天，使得很多女人的自身权益无法充分体现出来。

这种现象在当前并不算少数，据央视《今日说法》栏目报道，很多因交通事故而丧生的车祸中，由于无法及时落实对死者的赔偿金，从而引发了一系列的案件。经过记者的深入采访和了解，那些死者司机家属，由于无法及时拿到丈夫的死亡赔偿金，严重地影响了生活。因为在那些家庭中，男人一直是家里的顶梁柱，承担着养家糊口的重任，而女人则在家一边带孩子，一边照顾着丈夫家的公公婆婆，还要种着田里的庄稼。可以说，一切的花销都要靠男人从外面挣来，而突然有一天男人因车祸离开了，对于那些失去男人的家庭来讲，塌下来的就绝不仅仅是半边天了，而是一整片天。

所以在很多时候，封建残余思想对女人思想的渗透，往往会在不知不觉中一点点地蚕食掉女人心里的幸福感，并且还会毁掉一个女人的一生，同时对下一代也会产生很多不良的童年阴影，直接影响着下一代的幸福。

2. 为什么有人根本不信命，还是会跑去算命?

由于人类天生具有趋利避害的性格特点，所以对于那些有益于自己的事情，总是能够乐于接受；对于那有害于自己的事情，总是为自己找出各种借口进行回避。而算命正好契合这种心理需求，如果算命先生说的事情对自己有利，那么算命者就信以为真；如果算命先生说的对自己有害，那么算命者就说那是迷信，根本不足为信。所以，算命在我国各个朝代的社会生活中都具有重要的市场，行业里的精英人物，甚至可以登堂入室，为一朝天子出谋划策。比如我们所熟知的刘基（刘伯温），曾口若悬河为朱元璋算了一辈子命，结果朱元璋一道圣旨传来，刘基也只能服毒自尽了。

客观来讲，中华民族应该算是一个神奇的民族，因为算命活动几乎是伴随着我国文明的产生而产生的。在殷商时期，即有文字记载的最早时期，就已经有国家形式的算命行为了。只不过当时的叫法是占卜，而且统治者会设置专门的占卜官位，并握有很大权力。占卜在当时社会具有很大的现实意义，按照当时的社会背景，主要的国家大事就是军事和祭祀，而这两件事都是离不开占卜的。确切地说，当时社会进行任何活动几乎都会进行占卜，意思是向神明问清吉凶。如果占卜的结果是大吉，那么就会按计划行事；如果占卜的结果是大凶，行事就可能作罢，而且会成为停止行为的主要原因。应该说，占卜在当时社会不仅不会被视为迷信，而且还会被认为是神圣的，比如专门用来占卜的龟板，除了放置方法、高度有严格要求外，还会由专职人员进行看守。在使用它进行占卜的时候，也只能由专门负责的官员取用，尤其新龟板的制作过程也非常严格（龟板使用一次即宣告报废）。

新中国建立以后，算命被定义为迷信行为，并遭到国家和人民摒弃，随着中华文明的发展而衍生的占卜文化也就此断绝。然而，由于人们对未来发生事物的强烈好奇心，占卜还是在当前的社会背景下死灰复燃，全国各地的街头巷尾，都出现了各种形式的算命行为。有些算命先生为了迎合现代人的科学认识，甚至打出了科学算命、电脑算命和理论算命的幌子，将占卜之术修饰一新后重新推了出来。一项来自中华周易网的调查资料显示，目前我国社会有16.7%的人相信算命存在绝对的科学道理；另有30.1%的人认为算命先生提供的信息有助于自己在现实生活中做出一些判断。这部分人基本上见到算命先生后都会主动上前算一卦，而且还会定期到熟悉的地方进行算卦，以确保自己可以随时“掌握”自己的命运。有33.2%人在好奇心的促使下，也会以试试看的心态参与占卜活动；只有剩下20%的人认为算命活动没有科学依据，是应该被现代文明社会杜绝的东西，同时能够有效避免自己参加算命活动。

从根本上来说，算命这种玄而又玄的东西，完全可能转化为心理层面的伎俩，当然也很容易让一些需要心理安慰的人产生依赖。应该说，我们每个人都有心理压力，同时也都有自己的释放方式，不同之处只在于释放的方式是否健康。有些人喜欢运动，一有机会就会去跑步、游泳或者登山等；也有些人喜欢音乐，不仅喜欢听各种音乐，也会练习一种或多种乐器，在业余时间感受音乐的美妙；还有人喜欢小动物，一有机会就和小动物亲近，或者是去亲近自然，利用假期去各地旅行。这些都是十分健康的减压方式。但是，也有人在少不更事的年代染上了一些恶习，并且学会了通过这些恶习来缓解心理压力，久而久之形成习惯之后，即使想要戒除也不可能了。其中，最为普遍的就是烟酒依赖，几乎每个人都曾经想过要戒除烟酒，但是无论下多大决心，真正能够成功的却是凤毛麟角。此外，还有人在产生心理压力后，借着算命的幌子来宽慰自己，最后甚至会为此付出很高的代价。

关于算命的荒唐性，有这样一则小故事可供人们警示。

在清末的时候，有一个秀才去京城赶考，因为准备不足，他对于这次科考失去了信心。但是如果不去的话，又要再等上3年，可是如果考不上的话，又会浪费银两。犹豫不决间，他希望可以得到神明的启示，有天晚上，他做了一个梦，梦见自己站在大雨之中，身上带着斗笠，可手中还举着一把伞。秀才觉得这就是上天给他的启示，但他又百思不得其解，于是决定找个算命先生解梦。结果，算命先生告诉他不必去考了，因为梦中戴着斗笠打伞，摆明了就是说他去考试属于多此一举。于是，秀才便决定放弃，但是当他把这件事告诉自己的老婆后，立即被老婆扇了一个耳光，然后她告诉秀才说，自己也去算了命，但算命先生明明告诉，戴着斗笠打伞是双保险的意思，只要去考试保管可以高中。秀才被老婆的一巴掌震慑住，立即收拾行李去京城参加考试，结果果然高中。

由此可见，所谓算命根本就是一件没有科学依据的事情。如此一来，我们就应该想办法戒除算命的心理依赖，而戒除这种依赖最好的方法就是活在当下。我们总是不懂得珍惜自己已经拥有的东西，而是将幸福感寄托在一些想象的物品上，尽管这些物品有时候并不是我们所需要的。比如，很多人都有过参加同学聚会的经历，之所以我们会热衷于这样的活动，其实是因为我们认为曾经的同学情谊和朋友情谊非常珍贵，需要用心去珍惜。但是却很少有人发现，在当年做同学和朋友的时候，我们对同窗之谊和朋友情谊实际上是很少珍惜的，经常会因为一点小矛盾，或者一些鸡毛蒜皮的事情，发生口角，甚至引发肢体冲突。或许一些人已经意识到当初应该懂得珍惜，可是仍然不知道珍惜此时所拥有的一切，不知道当下也会成为明天的当初。

活在当下，可以充实自己的内心世界，将生命中每一秒的流逝都铭刻于心，也会对一草一木都充满了感情，空虚和寂寞都被消解得烟消云散。活在当下，还可以让人变得知足常乐，如果是经历了大病的人，就会知道健康的生活是一种幸福；如果是一个经历了大灾的人，也会知道平淡的生活是一种幸福。正所谓“简单是真，平淡是福”，这样的幸福很多人都拥有，但是懂得珍惜的人恐怕又寥寥无几。事实上，我们每个人的命运就好像是农民种庄稼，土地的质量自然有先天区分，但即使土地再怎样肥沃，如果不悉心耕耘，也不可能有个好收成。信命，自然不如信自己。

3. 为什么那些走在理想道路上的人最幸福?

美国著名励志书籍作家拿破仑·希尔曾说过:“人类的幸福是有模式可循的,概括来讲包括确定理想、努力奋斗和达成目标三个阶段。”由此我们可以看出,获得幸福的首要工作就是确立自己的目标,大幸福需要确立大的目标,小幸福需要确立小的目标,然后努力去达成。然而,就是这样一个简单的道理,却被很多人忽视。他们在疯狂寻找自己所谓幸福的过程中,居然从未想过给自己设置一个理想。作为年轻人来说,因为气血正盛,多半是没什么耐心的,所以在面对自己的理想时,难免会急功近利。事实上,我们不应该把幸福定义为某种具体的事物,那么只会在追求过程中给自己痛苦,得到时固然可以享受莫大的幸福感,但是在得到之后,幸福感还是会很快消失殆尽。所以我们不能把幸福定义为一个结果,因为那样会太沉重,未知的因素又那么多,一个明确的结果很可能会成为牵绊。我们应该把理想定义为一个方向,并且享受追求幸福的整个过程。

古希腊的著名哲学家苏格拉底曾说过：“人世间最快乐的事情，莫过于为理想而奋斗。”从这个观点来看，国人目前最大的悲哀就是丢失了自己的理想，扪心自问，我们的理想在哪里？如果一个人活着连理想都没有，那么他的生命中还有什么快乐和幸福可言呢？也许有人说，我的理想就是拥有巨额的财富；还有人说，我的理想就是掌握无上的权力。事实上，这些都可以称之为理想，因为没有人不喜欢财富和权力。但是，与此同时，我们必须制订客观理智的实施计划，并矢志不渝地在实现过程中按计划行事。只有这样，才能保证不被遇到的各种问题和情况冲昏头脑，才不至于迷失自己，让自己追求幸福的脚步发生偏离。也只有这样，才能让自己获得幸福这件事得到最大限度的保障。

应该说，没有理想的人生会成为一团乱麻，任何事情都可能让他劳碌不止。这里存在着一个显而易见的道理，即没有理想的人并不一定悠闲，甚至恰恰相反，很可能他是忙碌终生的。有这样一则发人深省的小故事：

一个年老的富翁在沙滩上看到一个年轻的乞丐在悠闲地晒太阳，于是他很生气地训斥乞丐，并质问他：“为什么这么年轻而不去拼搏努力赚取财富，而要让自己沦为一个乞丐呢？”乞丐反过来问富翁：“我为什么要去拼搏努力？”富翁说：“那样你就可以赚取很多财富，像我一样成为富翁。”乞丐接着问：“我为什么要成为一个像你一样的富翁呢？”富翁说：

“那样你就可以买下这片海滩了，而现在它是我的。”乞丐还是没有停止提问，说：“我为什么要买下这片海滩？”富翁说：“那样你就可以在这里悠闲地晒太阳了。”乞丐说：“可怜的富翁先生，我现在就在悠闲地晒太阳啊，麻烦你走远一点，不要挡住我的阳光。”

这个小故事给我们的启示是值得思考的，因为它虽然简单，却深刻阐明了我们在实现自己理想的过程中，学会思考和计划具有多么重要的意义。比如，有些人喜欢漂亮衣服，所以赚了钱后就会去买衣服，放弃了人生其他方面的价值积累。但行为人在赚钱的过程中，因为工作和目标没有本质的联系，不会感受到过程所带来的幸福感，便会不可避免地增加心理压力。这种压力在买衣服的时候虽然可以得到有效缓解，但接下来行为人还想再买衣服，于是就需要回到不情愿的工作中继续面对压力。结果陷入了一个恶性循环，即越是想要赚钱买衣服就越是希望眼前的工作快点做完，并且希望工作可以赚取更多的报酬，但是急于想买衣服的工作心态，会不可避免地牵引行为人的心思，使他的工作质量受到负面影响。所以，越是想要达成目标，就越是不能达成目标；越是不能达成目标，就越是想要达成目标。久而久之，行为者甚至会陷入一种自欺欺人的地步，因为行为者不得不承认，自己的一生居然只是在为衣服而忙碌。而且一旦行为人陷入这种困局，就会因为没有其他精神寄托而变得格外恐慌。如果不能正确调整自己的理想，最终只能回到买衣服的恶性循环中去。

很多青年朋友不知道该如何建立自己的理想。从一个大的方向来说，我们每个人的理想应该和国家的命运、民族的命运联系在一起。很多人认为，把自己的理想和国家的需要联系在一起，是一件不值得的事情，或者觉得这是一种单方面的奉献行为。事实并非如此。抛开奉献和助人的道义制高点不谈，如果我们把自己当成一件商品经营，那么国家的需要同时也就意味着市场的需要，这样一来，我们当然也可以获得更好的实惠了。比如工作好找了，薪水优厚了，各方面的福利都有保障了等。因此，我们在制定个人理想的时候，要尽可能地从国家和民族的需求进行考虑，即使我们在未来并未取得世人公认的成绩，也站在了道义的制高点，可以挺直腰板。何况中国目前正处于高速发展阶段，只要踏实肯干，再培养并建立起灵活的思路，一定可以在国家实现伟大复兴的同时，让自己过上理想的生活。

作为一个要对自己负责任的人来说，最可怕的事情并不是失败，因为失败只是一个过程，只要正确面对还可以变为走向成功的财富，怕就怕我们没有理想，或者只有一些目光短浅的理想。这样的人要么一生都在做重复工作，要么不断地做各种可以轻易实现的事情，到头来却发现自己竟一事无成。正所谓“有志之人立长志，无志人常立志”，一个对自己负责、对家庭和社会负责，乃至对整个国家和民族负责的人，一定要有自己远大的理想和抱负。正如新东方主要创始人俞敏洪先生所说的那样：“我们无法掌握自己生命的长度，但是我们却可以通过自己的努力，扩展自己生命的宽度，加重自己生命的深度。”这样的训诫是每一个青年人都应该谨记的，而当我们有了这样的思想认识，也会对自己的人生做出正确的思考和规划，一切负面情绪都会随之一扫而光。

俞敏洪在一次演讲中，曾有这样一段话，其大意是：小草和大树同为自然界生物，也同样吸收风霜雨露，但是小草只能弱弱地生长，即使被人踩过，也不会被人记得。但是，大树却可以直耸入云，活着为人们提供一片荫凉，死了也可以做栋梁之才。所以，我们每个人都应该在自己的心里种下一棵大树的种子，唯有如此，才能让自己最终成为一棵大树，而不是可怜的小草。

4. 知足者常乐，常乐者知足

知足常乐是我们中国人的传统处世哲学。放眼整个人生，我们所追求的不过快乐二字，但是却只有那些懂得知足的人才最快乐。有的人虽然一穷二白，但是却有自己的追求和信仰，每天活得快快乐乐；有的人富可敌国，虽然可以享受到常人享受不到的物质生活，但却遭受着众人想象不到的折磨。比如要时刻提防被人暗算，如稍有不慎就会落入万劫不复之地，终生活在担惊受怕的生活中。由此可以看出，所谓快乐与否，和我们每个人的境遇实际上是没有太大关系的，关键还是在于我们的心态。换句话说，快乐是由内而外的，而绝非由外而内的。我们常说："顺乎本命，即使身在天堂。"本命是什么？本命就是快乐，小溪流水，羊儿吃草，都是无比快乐的事情。很多人发生观念转变，甚至是理清了某件事情的内在规律之后，顿时觉得自己的世界豁然开朗，整个世界都亮堂了起来；也有人遇到了一些值得同情的事情，顿时觉得世界灰暗了下来，然后让仇恨和哀怨充满自己的心胸。其实，无论人的观念如何发生改变，世界都还是原来那个世界。一个人终生郁郁寡欢，很可能就是因为遭遇一点小挫折。而另外一个人一辈子快快乐乐，可能就是因为一点小成绩而得到了朋友或同事的夸赞。

我国作为一个从农耕文明发展而来的社会，在古代君主社会中，几乎整个国家的经济都在围绕着农业进行，甚至绝大多数人每天的生活就是男耕女织，吃穿住行都是由自己解决，每一家每一户之间基本上是不存在价值交换的。虽然在宋朝农耕文明高度发达的社会，我国出现了一些资本主义的萌芽，但是重农抑商向来都是被列为国策的。所以，只要当政者不犯糊涂，不在税收上出现大的失误，古代人们的生活都是处于一种天然的自给自足的状态，或者说都是知足常乐的。当然，因为科技的相对落后，我们只能依靠经验来判定天灾人祸，因此大的自然灾害和战争的发生，也为人们带去了很大痛苦。但是总体看来，在没有外敌入侵的情况下，人们的生活还是可以得到保障的。在这种情况下，知足常乐就成为了中国普通大众的劝世良言，影响着一代又一代人。

知足常乐应该是我们对快乐的“细嚼慢咽”，是对当下拥有的充分体味，是对幸福潜力的尽量挖掘。不得不承认，在现实生活中，我们对于那些渴求对象的关注，往往会多于我们已经拥有的对象，因而就会忽略已经拥有的快乐，浪费可以享用的快乐资源。这就如同我们进食食物一样，当饭菜端上桌后，很多人会因为饥饿等原因而错估自己的食量，所以会不顾切实需求疯狂进食各种食物，等到酒足饭饱后，居然发现没有任何味觉记忆留在自己脑海中，而此时的肚皮却再也装不下一点点的食物了。美国心理学家艾普斯勒曾经写过一本著作，认为从一个人在餐桌上的表现，就可以看出他在人生中的表现。从某种角度来看，这种说法是具有一定道理的，比如我们所熟悉的古代四大名著之一《西游记》，吴承恩先生在《偷吃人参果》一集中，就是通过不同的进食方式，深化了猪八戒和孙悟空的人物性格。我们再回过头来看现实中的人，简简单单的进食行为确实被世人演绎得纷乱繁杂，而这也许正是他们的性格表现，也难怪即使到了现在，餐桌上的正式社交礼仪仍然多得让人却步。

很多人认为，知足常乐是一种保守甚至消极的处世心态，会使社会发展滞后。事实上，这里存在着一个非常微妙的判断误差，即心动不等于行动，或者说知足常乐的心态并不代表行为者是不作为的。相反，它可以有效调节行为者的心理状态，把心身都调整到最佳状态，而不是以一种几乎疯狂的状态去追求目标，实际上却连追求的目的都没有想清楚，更不用说享受追求的过程了。这一哲学问题其实并不难懂，而且中国古代先贤早已有人进行过深入研究。比如，明朝的王守仁先生提出了非常著名的“知行合一”哲学理论，其核心思想就是“此心不动，相机而行”。也就是说，我们应该把自己的行为和思路剥离开来，什么事情都要想好了之后再做，而不是在做完之后才去想，这样一来，就可以在追寻的过程中享受快乐。

应该说，知足常乐就是要求我们对自身的欲望有一个合理的认识。我们每个人都被欲望所驱使，而如果无法达成欲望，就会觉得痛苦；达成之后，又会觉得无聊。所以，我们应该享受达成欲望的过程，而不应该一味地追求欲望为我们制定的结果。如果我们能够把握住自己的欲望（包括适度地克制和激发），那么其实它可以为我们指引人生方向，还能够为我们输送幸福，事实上也就是我们成了自己的主宰。但如果我们不能掌控自己的欲望，无法达成的时候就抱怨连天，任痛苦和压力充斥自己的世界；达成的时候就尽情欢呼，然后被更大的无聊包裹，完全把自己的心绪置于欲望的摆布之中，那么欲望也就变成了魔鬼。

5. 放下不存在的精神包袱，享受世间的幸福快乐

幸福是人类亘古不变的追求，同时也是人类生活的最高境界。我们每个人生活在这个世界上的最终目的其实都可以归结为对幸福的追求。而我们有了这样的大体认识，也就等同于对自己的人生建立了一个大的框架，然后在这个框架的范围内再去思索各种问题并付诸行动，这样一来，效率和效果就会显著得多。很多人都曾对幸福下过定义，幸福也许会因为每个人的境遇不同而不同，但是正如俄国作家托尔斯泰所说的那样："不幸者有各自的不幸，但是幸福的人却享用着同样的幸福。"我们想要获得自己的幸福，首先要做的事情就是将自己的真实需求找寻出来，然后根据自己的能力制定切实可行的方法，千万不能被物欲横流的社会所迷惑。

而关于个人的需求找寻，其实是很容易的一件事，但是要想真正确立下来，并一直坚持下去却并不那么容易。概括来讲，应该遵循从实际出发，用小目标来堆砌大目标的原则，逐

步达成自己的目标，并且时刻明确自己的目标实现到了哪一步。这样一来，不仅可以让自己的目标实现得更容易，也可以让自己在每一个小目标的实现过程中，分别享受到乐趣。而且最终在达成那个大目标时，幸福感一丝也不会减少，而整个过程中值得回忆的点滴也会比比皆是。

古语有训：宁静以致远，淡泊以明志。应该说，这里的宁静指的不仅仅是环境上的宁静，更多的是心灵上的宁静。一个内心宁静的人，即使到了喧闹的环境中，也很难被激起跌宕的心绪；但如果是一个内心激荡的人，就算置身于宁静的环境，还是会难以平静下来。当然，安静的环境还是有助于内心平静的，因此很多古代先贤都会选择隐居，道理就在这里。一个人的内心如果能够真正平静下来，他一定能够为自己制定长远的人生目标，而且是符合客观事实的，是在事实层面上具有可操作性的。而所谓“淡泊”，实际上是对高洁的人生志向的追求，同时也是对庸俗物欲的摒弃。按照马斯诺的幸福需求层次定义来看，人生最高级别的幸福感受就是自我价值的实现。从某种程度上来讲，自我价值的实现应该是一种为别人或者说是为大多数人创造价值的行为，幸福感也应该是一种成就感和被认同感，包括历史和社会普世价值的认同感。而这样的价值取向，如果没有一个淡泊的心绪为前提，实现起来是十分困难的。

由此我们也可以看出，一个被世俗名利捆绑太紧的人，其获得的幸福感也必定是十分有限的，至于那些可以像空气一样随时随地把人包容的幸福感，也许终生都不会眷顾他们。佛学大师净空先生曾经说过：“一个人得以与幸福拥抱，绝不是因为他得到的太多，而是因为他在乎的太少。”相反我们也可以认为，一个人太痛苦，一定不是因为他得到的太少，而是因为他在乎的太多。乍一看，这是一种消极的人生观念，但是如果能从更高远的角度来看，也许我们索求的东西早已超出了我们的真实需求。比如，对大多数人来说，在满足了基本的吃穿住行之后，剩下的就应该是享受生活，获取幸福。即使想要对另外的一些东西进行追求，也应该保持一定的尺度，绝不能因为这些次要的追求，而侵蚀了之前那些应该享受的幸福。对于这部分次要的追求，我们应该抱定的想法莫过于“得之我幸，失之我命”。

面对幸福同样应该是一种泰然处之的心态。比如，有些人可能长期处于贫困状态，但是因为种种原因，这个人忽然富有了。这时，他想到的不是幸运和感恩，而是觉得自己终于可以骑在别人头上作威作福了，他在追求过程中所遭遇的种种不满，也会在这个时候像火山熔浆一样爆发出来，以至于从前围在其身边的人都会逐渐散去。究其原因，就是因为行为人过于在乎自己手中的东西，以至于成功在握的时候无法做到泰然处之，完全是一个暴发户的标准形象。

所谓“人生不过百年，善恶终将归土”，无论是王公贵族还是贩夫走卒，也无论是绝世佳人还是村姑丑媳，总归还是要归于尘土的。正所谓“人生不如意事十之八九”，快乐也是一天，忧愁也是一天，那么我们又何必非要钻牛角尖呢？老子说：“祸兮，福之所倚；福兮，祸之所伏。”既然连福祸我们都难以预知，又何必去争那些尘世间的琐屑小事呢？佛教度人时常说：“凡所有相，皆为虚妄。”一个真正懂得幸福真谛的人，一个参破万物玄机，一个大彻大悟的人，是没什么好在乎的。我们所能见到的一切，我们所苦苦追寻的一切，甚至我们所爱的一切，都只不过是一缕过眼云烟，最后能留给我们的也只是一丝回忆。所以说，只要问心无愧地活在人世间，坦坦荡荡地去做每一件事，幸福自然就会如期而至，人生也不会留下太多遗憾。